ライブラリ
経済学コア・テキスト&最先端
16

Core

コア・テキスト
環境経済学

Frontier

一方井　誠治　著

新世社

編者のことば

少子高齢化社会を目前としながら，日本経済は，未曾有のデフレ不況から抜け出せずに苦しんでいる。その一因として，日本では政策決定の過程で，経済学が十分に活用されていないことが挙げられる。個々の政策が何をもたらすかを論理的に考察するためには，経済学ほど役に立つ学問はない。経済学の目的の一つとは，インセンティブ（やる気）を導くルールの研究であり，そして，それが効率的資源配分をもたらすことを重要視している。やる気を導くとは，市場なら競争を促す，わかり易いルールであり，人材なら透明な評価が行われることである。効率的資源配分とは，無駄のない資源の活用であり，人材で言えば，適材適所である。日本はこれまで，中央集権的な制度の下で，市場には規制，人材には不透明な評価を導入して，やる気を削ってきた。行政は，2年毎に担当を変えて，不適な人材でも要職につけるという，無駄だらけのシステムであった。

ボーダレス・エコノミーの時代に，他の国々が経済理論に基づいて政策運営をしているときに，日本だけが経済学を無視した政策をとるわけにはいかない。今こそ，広く正確な経済学の素養が求められているといって言い過ぎではない。

経済は，金融，財の需給，雇用，教育，福祉などを含み，それが相互に関連しながら，複雑に変化する系である。その経済の動きを理解するには，経済学入門に始まり，ミクロ経済学で，一人一人の国民あるいは個々の企業の立場から積み上げてゆき，マクロ経済学で，国の経済を全体として捉える，日本経済学と国際経済学と国際金融論で世界の中での日本経済をみる，そして環境経済学で，経済が環境に与える影響も考慮するなど，様々な切り口で理解する必要がある。今後，経済学を身につけた人達の専門性が，嫌でも認められてゆく時代になるであろう。

経済を統一的な観点から見つつ，全体が編集され，そして上記のように，個々の問題について執筆されている教科書を刊行することは必須といえる。しかも，時代と共に変化する経済を捉えるためにも，常に新しい経済のテキストが求められているのだ。

この度，新世社から出版されるライブラリ経済学コア・テキスト＆最先端は，気鋭の経済学者によって書かれた初学者向けのテキスト・シリーズである。各分野での最適な若手執筆者を擁し，誰もが理解でき，興味をもてるように書かれている。教科書として，自習書として広く活用して頂くことを切に望む次第である。

西村　和雄

まえがき

環境問題が戦後の日本で大きな社会問題となってから半世紀を超える時が流れました。筆者が子どもから学生の頃だった昭和 30 年代から 40 年代は，高度経済成長に伴う激しい公害問題や自然破壊が生じ，日本社会が日々その対応に追われた時代でした。

その頃と比べると，現在の社会では大気や河川など身の回りの環境は，一見すると，大きく改善されてきており，環境と経済との関係も落ち着いているように見えます。しかしながら，気候変動問題や資源問題などを含めた長期的な持続可能性の観点から現代を見てみると，私自身は，環境と経済をめぐる状況は以前よりもさらに悪化しているという思いを禁じ得ません。これはどういうことでしょうか。

もともと現在の経済や社会の姿は，個人をはじめ国や企業などが幸福や利益を求めて，さまざまな行動や選択をとってきたその結果であるといってもいいかと思います。それが，結果的に気候変動問題など，文明の持続可能性を損なうような社会問題を，今日，引き起こしてしまっているのはなぜなのでしょうか。その要因の一つは，私たちが日々の行動の拠り所としている社会経済システムが，空間的にも時間的にも以前よりも大きく広がり，かつ複雑になってきており，私たちがとる行動の一つひとつがどのような問題につながっているのか，きわめてわかりにくい状況になっているということがあります。また，一見合理的に見える社会経済システムそのものが，未だ，そのような問題を引き起こす原因そのものとなっているということがあるのではないでしょうか。

環境経済学は，そのような問題について主として市場の機能に着目し，その市場の失敗という観点から，環境問題発生の原因を分析するとともに，それを改善するにはどうしたらよいかを追求してきた学問といっても間違いではないと思います。市場の失敗とは，モノやサービスの価格が市場で正しく評価されないまま取引されてきた結果，それが環境問題などの外部不経済を生み出してきたという考え方です。したがって，市場の失敗が環境問題を引き起こしてきたのであれば，その市場の失敗を正して環境問題を解決していこうという発想です。

ただし，このような学問に基づく政策は理論的には正しくとも，特に日本の政策にはなかなか取り入れられてはきませんでした。その原因の一つには，日本の環境政策の原点ともなった環境問題が，健康被害を伴う戦後の激甚公害であったため，市場ルールの変更というような一見悠長な政策をとる時間的な余裕はなく，排出規制と罰則に基づく直接規制と低利融資などの支援の組合せにより，技術的な対応を行いつつ迅速に環境改善を図ることが求められたことがあげられます。一方でその後，環境問題が激甚公害から都市生活型公害，さらには気候変動問題などの地球環境問題，持続可能な発展問題へと進化してきたのに対し，日本においては，環境経済学に基づく環境政策手段の導入は限られたものにとどまりました。その背景には，これらの問題が健康被害というような切迫した状況とは異なる状況のものであると一般に認識されたこと，市場ルールの変更というような政策手段は，利益やコストの面で，経済に悪影響があるのではないかとの産業界の懸念が広がったことがあるように思われます。

しかしながら，気候変動問題をはじめとする現代の地球環境問題などは，中長期的には人類の文明の存続にまでかかわる深刻な問題であることは明らかです。また，この問題は市場のルールをはじめとする社会経済システムそのものと密接に絡み合って生じているものであり，その解決にあたっては，市場のルールの変更など社会経済システムの変更そのものを政策手段とする環境経済学の視点が不可欠です。さらに，環境と経済は本来対立する概念ではなく，良い環境のもとでの経済発展こそが持続可能な発展そのものであることに改めて思いを致す必要があります。その観点からは，今こそ環境経済学を改めて見直し，それを活用することが望まれていると思います。

本テキストは，このような問題意識に立ち，環境経済学の現代における必要性とともに，基礎的な理論や政策の適用の現状について，環境経済学を初めて学ぶ方に対しても理解できるように，できるだけ平易に解説することを目的として執筆しました。また，テキストの後半では，環境を含めた社会的資本の中には，市場による効率的な分配機能に委ねることがそもそも適当ではないものがあるという，市場の機能にのみ頼らない環境管理の考え方や従来の市場機能を超えた新しい経済の動きについても触れています。

本書が，環境問題や経済を学ぶ学生をはじめとする読者の皆様のお役にたつことを心から願っています。

2018 年 1 月

一方井　誠治

目　次

第1章

環境問題と環境経済学の歴史

　環境経済学は，いわば，環境問題の解決を目指して発展してきた学問です。そのため，環境経済学を学ぶためには，まず，環境問題がどのように生じてきたのか，また，環境経済学がそのような問題にどのように対応してきたかという歴史を知る必要があります。この章では，日本の環境問題について経済との関係を中心にその歴史を振り返るとともに，西欧を中心に発展してきた経済学のはじまりに遡って環境経済学の系譜をたどります。

○ *KEY WORDS* ○

資源の循環的利用，鉱害・鉱毒問題，ばい煙，高度経済成長期，水俣病，ぜんそく被害，水質汚濁，自然破壊，公害対策基本法，自然環境保全法，公害防止条例，都市生活型公害，廃棄物問題，環境基本法，地球サミット，持続可能な発展，地球温暖化対策推進法，非再生可能資源，再生可能資源，市場，資源や環境の制約，外部性，外部経済，外部不経済，市場の失敗論，社会的費用，私的費用，社会経済システム

1.1 環境問題と経済

江戸時代の環境と経済

日本では，江戸時代中期の元禄の頃には，すでに100万人を超える人口が江戸に集中していながら，今日のような環境問題はほとんど顕在化していなかったといわれています。その背景には，幕藩体制下の鎖国政策により，外国からの物資の輸入や技術の伝播が限られていたこと，国内において石炭などの化石燃料の利用がまだはじまっておらず，エネルギー源が人力の他は薪や木炭などきわめて限られていたこと，そのため，各種物品の大量生産や大量消費が抑えられており，屎尿(しにょう)を含めあらゆる資源の循環的利用が自然と徹底されていたことなどがあげられます。

また，当時の日本の各藩の多くは，山の尾根や流域などで区切られた地域の自然のまとまりの中で成立しており，そこでの農業を中心とする経済においては，自然破壊がそのまま農林水産物の被害につながることから，結果として地域の自然が農林水産業等の人々の営みとの調和の中で保たれていたことも指摘できます。

もとより，化石燃料や原子力発電などを持たず太陽を唯一のエネルギー源としていた当時の経済社会は，ほとんどの作業を人力で行わざるを得ない社会であり，現代の私たちの感覚からは，大変苦労の多い時代であったように見えます。しかしながら，持続可能性という観点から見ると，人間の営みから生ずる二酸化炭素や廃棄物は，一年経過すると植物等を介してほぼ全量自然に還ることとなり，大気という面でも水という面でもさらには自然という面でも目に見える環境破壊は生じておらず，その意味では，江戸時代は環境と経済の両面から見てもきわめて持続可能性の高い経済社会であったということがいえると思います。

○ 明治時代の鉱害問題と経済

このような状況が一変したのが，1868年における江戸時代の幕藩体制の終わりと明治の開国でした。外国との貿易が本格的に開始され，富国強兵と殖産興業のスローガンのもと，新しい技術が導入され各種産業における生産力は飛躍的に高まりました。そこで最初に各地で顕在化したのが，銅をはじめとする鉱山の操業に伴う鉱害・鉱毒問題です。

1880年代から90年代，北関東の足尾銅山から排出される排水が，渡良瀬川を経由して周辺の農地を汚染し大きな被害をもたらしました。また，四国の別子銅山の精錬所からの鉱煙は周辺の農作物に大きな被害をもたらしました。さらに，太平洋に面した日立鉱山でも煙害が地元の農作物に被害を与え，これらの鉱害問題は当時，鉱毒事件として世間の耳目を集めました。

この当時，銅をはじめとする金属に対する産業界からの需要はきわめて旺盛で，鉱害が生じたからといって直ちに操業を停止することが難しかったことは容易に想像されます。また，当時は行政的にも環境保全担当の部局はおろか環境保全法制も整備されておらず，問題の解決は，基本的には，被害を受けた地元の農民等と鉱山を操業する会社との直接交渉に委ねられました。

特に，最初に問題が顕在化した足尾銅山については，地元の農民が，当時帝国議会の代議士であった田中正造を先頭に鉱害問題の解決を求めて反対運動を行いましたが，根本的な解決にはなかなか至らず，被害の最も激しかった谷中村は廃村となり，跡地は渡良瀬遊水地となりました。このケースは，明らかに鉱山経営という経済活動によって環境問題が生じたにもかかわらず，それが適切に解決されなかった事例であるといえます。

一方，別子銅山の煙害事件の場合は，会社が煙害の原因となった精錬所を瀬戸内海の島に移転するなど，原因企業による一定の対応も行われましたが，当時の知見や技術的な制約もあり，煙害の解決にはかなりの時間を要しました。また，日立銅山の煙害のケースでは，地元の農民と原因企業との間で話し合いが行われ，一定の損害賠償が行われたり，当時世界一といわれた高層煙突の建設により，被害を軽減するなどの対応が行われました。これらのケースは原因企業により一定の対応が行われた事例ですが，いずれにしてもローカルな問題にとどまっており，日本全国をまたがる社会問題とはなっていませんでした。

一方，開国以来，紡績業を中心に興った工業は，日露戦争以降，造船，製鉄，機械，電力等の産業の成長に発展していきました。その背景には石炭の生産・使用の増加があり，大阪や八幡などの地域では，ばい煙による汚染が急速に悪化しました。しかし，明治を過ぎ，大正，昭和の時代に至るまで，例えば大阪は「煙の都」と称され，社会科の教科書の中でも，七色の煙は地域の経済発展の象徴として記述されるなど，公害問題に対する行政や住民の意識はどちらかというと希薄でした。また，自然環境についても，精錬所周辺がはげ山になるなどの問題にはじまり，明治以降，急速に産業開発が推進され，都市化が進展し，各地の山野や海岸が開発されるに伴いその破壊問題が顕在化することとなりました。

この時代は，江戸時代と比べて，環境と経済の関係が大きく変わっていった時代でしたが，文明開化の時代風潮の中で，その変化が有する問題の本質を，個人も社会も十分に理解することが難しかった時代であるといってもよいのではないかと思います。

戦後の激甚公害，自然破壊問題と経済

日本の公害問題は，第二次世界大戦後の高度経済成長期に本格化しました。すでに，1932年頃からの産業の重化学工業化により公害による被害を訴える事例が増加していましたが，戦後の復興に伴い，その状況が次第に深刻化しました。特に1950年半ばは，国策としての石油コンビナートの育成施策が検討され，決定・着手された時代でもありました。また，1960年からは所得倍増計画に基づく，きわめて急速な経済産業の発展が開始された時期でもありました。

このことは，反面，鉱工業生産やエネルギー消費が急激に高まり，火力発電所や石油化学工場群から莫大な量の亜硫酸ガスや炭化水素等の汚染物質を排出することになりました。また，当時の最優良企業の一つと目されていたチッソ株式会社の工場からの排水による水俣病は，1953年頃から本格的に引き起こされていたとみられており，その被害が水俣湾から周辺に大きく広がったのもこの時期でした。このように，経済の復興と並行して，1960年頃からは，四日市ぜんそくをはじめ各地で大気汚染によるぜんそく被害や水質汚濁による公害が大きな社会問題となっていきました。

また，石油コンビナートをはじめとする工業立地による海岸の埋立に加え，所得の増加や自家用車の急速な普及に伴う，観光や地域振興を目的とした道路の建設による自然破壊が社会問題となったのもこの頃です。

筆者も含めこの当時の人々の大方の認識は，経済発展と環境保全とはトレードオフの関係にあるというものだったと思います。すなわち，経済発展を望むのであれば良い環境は諦めなければならず，逆に良い環境を望むなら経済発展は諦めなければならないというものです。当時，環境保全の最たるものは公害の防止であり，経済発展とはすなわち所得の増加でした。かつて志布志湾の開発が地元で問題となった際，ある地元住民が語ったという，「私は公害の空の下でステーキを食べるより青空の下で握り飯と梅干を食べたい」というエピソードがそのことを物語っています。当時はステーキが経済発展の一つの象徴であり，握り飯と梅干は貧しさの象徴だったのです。

都市生活型公害の進展と経済

以上のような戦後の激甚公害や自然破壊の経験を経て，日本は1967年に公害対策基本法を策定し本格的な公害防止対策に乗り出しました。また，1972年には自然環境保全法を策定し，ここに，戦後の環境政策の基本となった公害防止と自然環境の保全の法制度の基礎ができました。ただし，ここに至るまで，明治時代からはじまる被害住民らによる活動や国の制度が不十分な状況の中，公害防止条例などをいちはやく策定し問題解決に奮闘した地方自治体が果たした役割を忘れてはなりません。

その後，大気汚染防止法や水質汚濁防止法などにより，排出規制や排水規制が全国的に行われ，大気汚染や水質汚濁などの激甚公害は次第に改善されていきました。その一方で，健康には直接かかわらないものの，生活環境の悪化につながる騒音や振動，悪臭，さらに池や沼などの富栄養化による水質問題などの，いわゆる都市生活型公害は，都市化の進展や自動車交通の増加などに伴い，なかなか改善が図られない残された公害問題となりました。また，大量生産・大量消費・大量廃棄の時代の中で，廃棄物問題が環境問題の一つのジャンルとして大きくクローズアップされていきました。しかしながら，これらの都市生活型公害は，多くの複合的な要素が関係しており，激甚公害のような違法な操業に基づく不法行為として，単に厳しく取り締まれば解決するような問題ではないことがその解決を遅らせることになりました。

このような，通常の業務活動や日常の生活の中から生じてくる問題は，気候変動問題をはじめとする地球環境問題とも深くつながっています。また，地球環境問題はこれまで個別に取り組まれてきた自然保護問題とも大きな関連があります。そのため，地球環境問題への対処を軸に，環境行政を体系的に再編することの必要性が認識されていきました。

そのような状況の中，この後に説明する1992年開催の「地球サミット」を一つの契機として，先述の公害対策基本法と自然環境保全法を二つの基本政策としていた環境政策の体系を，「環境の恵沢の享受と継承等」をはじめとする共通の理念のもとに一つの体系にまとめる環境基本法が1993年に制定されました。

同基本法は，環境基本計画など具体的な施策に関するものも含まれていますが，その規定の多くは，いわゆるプログラム法として，それ以降の環境政策の方向性を示したものであり，これ以降，環境アセスメント法など多くの個別法が制定されました。なお，2000年に策定された循環型社会形成推進基本法及び2008年に策定された生物多様性基本法は，それぞれの分野では個別法の上位法に位置づけられますが，環境基本法との関係では下位法としての位置づけがなされています。

○ 地球環境問題の発生と経済

地球温暖化の進行や生物多様性の劣化など地球規模の環境問題は，つとに研究者の間では人類の存続にまでかかわる問題であるとの警告が発せられており，1972年にスウェーデンのストックホルムで初めて開催された国連人間環境会議でも先進国を中心にその深刻さが指摘されていましたが，必ずしも一般の関心は高くありませんでした。1980年代になってそれがようやく政治のレベルでも取り上げられるようになり，1992年には国連を中心にブラジルのリオデジャネイロで「環境と開発に関する国連会議」，通称「地球サミット」が開催されました。

この会議の名称にも表れているように，ここでは，環境保全と経済発展をどうやって統合するかということが最大のテーマとなりました。それまでは，どちらかというと先進国は環境保全を強調し，途上国は経済発展を強調するという傾向が見られたのですが，環境保全と経済発展をともに実現することこそが「持続可能な発展」であり，先進国，途上国を問わず世界はそれを協力しつつ目指すべきであるという共通認識が世界で生まれたのです。

その実現のため，地球サミットでは，40章に及ぶ行動計画である「アジェンダ21」という合意文書が採択されました。ここでは，貧困問題や女性問題を含め広い意味での持続可能性を支える改善点が指摘されました。また，地球サミットを契機に国連気候変動枠組条約と生物多様性条約が採択されました。この頃は，地球サミット前の1989年にベルリンの壁が崩壊し，米ソ首脳が東西の冷戦の終結を宣言するなど，世界的な緊張緩和とあいまって，世界が持続可能社会づくりに向かって新たな歩みをはじめられるのではないかとの強い期待が生まれた時代でもありました。

特に気候変動問題については，1997年に，2008年から2012年までを目標年とする京都議定書が採択され，国連気候変動枠組条約の強化が図られました。しかしながら，先進国に温室効果ガスの削減を義務づけるこの議定書は，経済への悪影響を懸念する米国の離脱を招き，その後継の国際枠組みの交渉も難航しました。結果として予定よりも 8 年遅れの 2020 年からの京都議定書に代わる新たな国際枠組みが，2015 年に「パリ協定」としてようやくまとまりました。

地球温暖化対策の動向については第 6 章で改めて述べますが，日本においても 1997 年京都で開催された気候変動枠組条約の第 3 回締約国会議（COP 3。COP は Conference of the Parties の略）での京都議定書の採択を受け，地球温暖化対策の第一歩として 1998 年に地球温暖化対策の推進に関する法律（地球温暖化対策推進法）が制定され，温暖化防止への取り組みが法的に定められるようになりました。

また，COP21 でパリ協定が採択されたことを受け，2016 年には，地球温暖化対策法に基づいて，日本が地球温暖化対策を総合的かつ計画的に推進するための計画である地球温暖化対策計画が閣議決定されました。これには，温室効果ガスの排出抑制及び吸収の量に関する目標，事業者・国民等が講ずべき措置に関する基本的事項や目標達成のために国・地方公共団体が講ずべき施策などが記載されています。

このように，気候変動問題をはじめとする地球環境問題の解決に向けては，関係者の間で多くの努力が積み重ねられてきているのですが，必ずしも，期待されるような成果に至っていません。特に，深刻な気候変動問題については，パリ協定が合意されたものの，温室効果ガスの削減目標は各国の自主的な判断に委ねられており，それらを集計しても気候変動の安定化には到底足りないことが明らかになっています。さらに，中国に次いで温室効果ガスの排出が多い米国は，経済への悪影響を再び懸念してすでにパリ協定からの離脱を表明するなど，国際社会の足並みは揃っておらず，気候変動そのものは，今日に至るもその進行が止まっていないのが実態です。

環境と経済の基本的関係

これまで述べてきたように，私たち人間の営みという面では，今日の経済社会は大変複雑化しています。まえがきでも述べたように，私たちの日々の営みが，気候変動や世界の生物多様性などにどのような影響を与えているかについても，実感することは難しくなっている面があります。

しかしながら，江戸時代の経済社会に戻るまでもなく，私たちが営む経済社会とその周りの環境との関係自体は，ある意味で，きわめてシンプルなものであるともいえます。それを表したのが，図 1.1 です。

図の中の**非再生可能資源**とは，例えば石油や石炭など一度使ってしまえばなくなってしまう資源です。**再生可能資源**とは，農作物や森林から得られる木材，さらには漁業資源など，本来適切に管理をしていけば，毎年変わらず

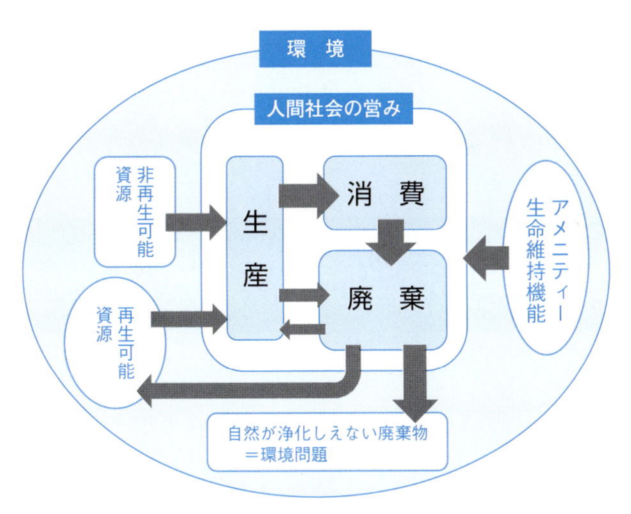

（出典） 浜本光紹『環境経済学入門講義』の図を基に筆者作成

図 1.1 環境と経済との基本的関係

得られる資源です。

人間社会では，これらの非再生可能資源や再生可能資源を用いて生産活動を行い，それを消費し，最後は廃棄するのが一般的です。その際，再生可能資源は，もともと生態系のサイクルの中に組み込まれている資源であり，適切に廃棄されれば次の再生可能資源の材料になりますので，環境問題は生じません。問題は，石油等の化石燃料の燃焼で生じる二酸化炭素など，非再生可能資源からの廃棄物です。これは通常の生態系のサイクルに組み込まれていませんので，自然が浄化しうる形に適切に処理できればよいのですが，現実には，それらの二酸化炭素は，植物や海洋が吸収しきれずに大気中に滞留してしまいます。これが気候変動の原因となります。

ただし，気をつけなければならないのが，再生可能資源の使い方です。再生する資源だからといってその資源が再生するペースを超えて使ってしまうと，資源そのものが枯渇してもはや再生できなくなります。魚や野生生物の乱獲がそれらの絶滅につながってしまうのがその典型例です。

以上のように，環境と経済との関係を大づかみで見てみると，もともとの生態系を含めた自然のサイクルからはみ出してしまった人間の活動が，環境問題を引き起こす原因となっていることが理解できると思います。

1.2 環境経済学の誕生と発展

資源，環境制約の視点

現在につらなる経済学の基礎となる考え方は，英国のアダム・スミス（Adam Smith：1723–90）によって築かれました。スミスは，市場が持つ強力な調整機能に着目し，政府が特段の介入を行わなくとも，個々人がそれぞれ自己の利益を最大化する行動をとることによって，技術発展や分業，資源の最適配分がもたらされ，経済は成長し社会全体の豊かさが得られるとの考え方を示しました。いわゆる「神の見えざる手」の機能が市場に備わっているとの認識です。

それに対して，市場に任せておけば経済はうまくいくというものではなく，資源や環境の制約があるとの考え方を最初に明示的に述べたのが，同じく英国のマルサス（Thomas Robert Malthus：1766–1834）です。マルサスは，『人口論』（1798年，初版）の中で，「人口は，何の抑制もなければ等比級数的に増加する。一方，人間の生活物資の増え方は等差級数的である」と述べました。これは，人口はねずみ算式に増える可能性がある一方で，自然環境としての土地の生産物である食糧の生産は，追加的な労働や投資を行っても，そこから得られる生産物は追加したのと同じ割合では増加しないという，いわゆる収穫逓減の法則を重視した考え方です。マルサスは，「人口の増加力と土地の生産力とのあいだには自然の不均衡があり，そして，やはり自然の大法則により両者は結果的に均衡するよう保たれる。私の見るところ，このことが社会の完成可能性にとって乗り越え不能の大きな難関となる」と述べています。

このような，経済に対する資源・環境面からの制約の視点は，その後も繰り返し現れました。例えば，ジュボンズ（William Stanley Jevons：1835–82）は，当時急速な発展を遂げていた蒸気機関を介しての石炭生産に着目し，当時の工業力の基礎を支えた石炭が，消費の幾何級数的な増加によって遠からず枯渇し，代替動力も石炭消費を増やすだけであるという資源制約論を展開しました。さらに，1972年に発表されたメドウズ（Donella Meadows：1942–）ら4人の著者によるローマクラブの『成長の限界』は，資源や環境の制約がいずれは経済成長を止めることになるということをシステムダイナミクスモデル等を活用して，より説得的に示したものであり，当時，大きな反響を呼びました。

このような一連の動きを誘発したという意味で，マルサスは，今日の環境経済学の進展のきっかけを作った経済学者のひとりということができます。

外部不経済の視点

環境経済学の重要な視点の一つである「外部性」の認識は，もともと，マーシャル（Alfred Marshall：1842-1924）からはじまったとされています。外部性とは，あるモノやサービスの取引において，そのことが引き起こすさまざまな影響にかかる経済的費用が，その取引費用には反映されておらず，結果として過大なあるいは過小な生産消費が引き起こされるとする概念です。外部性のうち，経済的な利益が市場を経由せずもたらされる場合，利益の受け手の側から見てそれを「外部経済」といい，経済的不利益が適切な補償なしに強制される場合，被害の受け手から見て「外部不経済」といいます。ただし，マーシャルは，直接，環境問題にかかる外部性について論じたわけではなく，各個別企業において生ずる生産費の低下の要因について外部性の概念を使って説明を行いました。

これに対して，英国のピグー（Arthur Cecil Pigou：1877-1959）は，その著『厚生経済学』において，初めて環境問題を例にあげて外部不経済の存在と，その認識の重要性を指摘しました。すなわち，当時の新たな交通機関として登場した蒸気機関車が，火の粉によって沿線の森林火災を生じさせていたにもかかわらず，当時の鉄道企業の経営において対応がなされず，その対策コストが算入されていないため鉄道運賃にもそれが反映されず，結果的に競争市場において鉄道の利用が過剰となり森林消失も過剰となるということを，外部不経済の概念を用いて説明したのです。これがいわゆる「市場の失敗論」です。

この考え方をベースにして，ピグーは，その活動がもたらす「社会的費用」と企業が実際に負担している「私的費用」との乖離を埋めるため，政府はそのギャップ分の課税を行うべきであるという「外部不経済の内部化」の必要性を指摘しました。この考え方は，市場経済制度に固有な欠陥を外部不経済問題として明確に認識し，市場に対する公共介入を正当化したものであり，今日の環境経済学の理論的な支柱の一つとなっています。その意味でピグーのこの考え方は，環境経済学が発展していく上での大きな出発点となったといえます。

その後，この考え方をさらに環境の面から批判的に発展させたのが，ドイツの経済学者カップ（Karl William Kapp：1910–76）です。カップは「社会的費用」という概念を用いて環境問題を経済学の理論体系の中に組み入れたのですが，ここでいう「社会的費用」という用語は，ピグーが使った「社会的費用」という用語とは若干意味が異なっていました。すなわち，カップのいう社会的費用とは，「経済活動によって引き起こされ，第三者が被る損失，あるいは全体としての社会に転嫁される費用で，それを引き起こす経済主体の経済計算においては何の顧慮もされていない費用」（『私的企業と社会的費用』）と定義されており，今日の気候変動問題をはじめとする環境問題にも適応しうる幅広い概念として捉えたことが特徴です。

つまり，ピグー以来の外部不経済論が，基本的に市場を信頼するビジョンに立って社会的費用の発生を例外的現象と考えたのに対し，カップは，社会的費用をより普遍的な現象と捉え，環境のような市場で扱い得ない財の固有の価値を，社会としてどう評価していけばよいかという問題提起を行ったのです。すなわち，環境のように，市場価値が必ずしも的確に表されない価値物の社会的評価とそれを扱う社会システムのありかたについて，問題提起をしたといっていいと思います。

○ 社会経済システムの視点

以上のような流れとは別に，産業革命以降の経済成長の負の側面を社会システムの問題として正面から指摘した経済学者がいます。産業公害や都市公害の発生を資本主義という政治経済システムの問題として取り上げたプロイセンの学者マルクス（Karl Heinrich Marx：1818–83）やエンゲルス（Friedrich Engels：1820–95）です。

彼らは，人間と自然との物質代謝の過程に注目し，それが資本主義という歴史的に独自な生産システムによって担われる場合には，経済成長の過程で自然破壊と人間破壊が生じると指摘しました。つまり，環境破壊や人間破壊の原因ともなる生産という人間社会の経済行為を制御できる社会経済システムとは何かという強い問題意識です。

これらの主張は，資本主義社会に代わる共産主義社会の建設という動きを生み，ソビエト連邦という国の誕生につながりました。しかしながら，結果的には，旧ソビエト連邦でも公害や自然破壊があったことが明らかとなっており，環境問題を含めた人間社会の経済行為を制御できる社会経済システムとは何かという問いは，現代にまで持ちこされているといっても間違いではないと思います。

マルクスと同じ頃，当時の急速な経済成長の状況に，社会システムの面から懸念を示した別の経済学者がいます。英国のミル（John Stuart Mill：1806–73）はその主著『経済学原理』の中で，次のような主張を述べています。

「自然の美観壮観のまえにおける独居は，思想と気持ちの高揚と―ひとり個人にとってよい事であるばかりでなく，社会もそれをもたないと困るところの，あの思想と気持ちの高揚と―を育てる揺籃である。また自然の自発的活動のためにまったく余地が残されていない世界を想像することは，決して大きな満足を感じさせるものではない。―中略―もしも地球に対しその楽しさの大部分のものを与えているもろもろの事物を，富と人口との無制限なる増加が，地球からことごとく取り除いてしまい，そのために地球がその楽しさの大部分のものを失ってしまわなければならぬとすれば，しかもその目的がただ単に地球をしてより大なる人口―しかし決してよりすぐれた，あるいはより幸福な人口では無い―を養うことを得しめることだけであるとすれば，私は後世の人たちのために切望する。彼らが，必要に強いられて停止状態にはいるはるかまえに，自ら好んで停止状態にはいることを。」

ミルの主張のベースには，リカード（David Ricardo：1772–1823）の利潤率に関する議論を受けて，経済成長プロセスは，最終的には利潤率が最低限にまで低下し，停止状態に至ると考えたことがあります。ここでいう停止状態とは，人的資本と物的資本のストックが一定量で不変な状態（定常状態）のことを意味します。ミルの時代には，まだ今日の気候変動問題などは知られていませんでしたが，この考え方は，温室効果ガスを無制限に排出しつつ気候変動問題を引き起こし，最後にその地球規模での大災害により強制的に経済が縮小，再構築せざるを得なくなる前に，人類が自ら温室効果ガスの排出を減らし経済面からも環境面からも持続可能な状態に移行することが必要であるとの，今日の考え方につながるものがあります。

持続可能な発展の視点

今日，「持続可能な発展」という言葉自体は，国や行政の場においても比較的よく見られるものとなってきています。しかしながら，このような言葉や概念が使われるようになったのは，それほど昔のことではありません。

そもそも環境問題が地球規模の問題として注目され始めたのは，1972 年にスウェーデンのストックホルムで開催された「国連人間環境会議」が一つのきっかけでした。このときは，環境問題について議論することもさることながら，北欧諸国を中心とした先進国が環境保全の重要性を強く主張し，途上国がそれに対して貧困問題を背景とした経済的な発展の必要性を強く主張するという南北間の対立がありました。

そのため，これらの問題が続くままでは環境問題も経済問題も解決しないという認識が広まり，1982 年に開催された国連環境計画の特別理事会を契機に，ストックホルム会議 20 年後の 1992 年に国連主催で環境と開発に関する大規模な国際会議を開催すること，それに向けて，世界の英知を集めた賢人会議，通称「ブルントラント委員会」を設置し，環境と開発をめぐる大きな対立を解決するための知恵をしぼることが合意されました。

この委員会は 3 年近くの歳月をかけ世界各地で委員会を開催し，1987 年にその成果を「我ら共通の未来」と題する報告書としてとりまとめ，その中で「持続可能な発展」という概念を打ち出し大きな注目を集めました。ここでいう持続可能な発展とは，「将来の世代が自らの欲求を充足する能力を損なうことなく，今日の世代の欲求を満たすことである」とされ，さらに，「持続可能な発展の概念には，いくつかの限界が内包されている。それらは絶対的限界ではなく，今日の科学技術の発展の状況であるとか，環境をめぐる社会組織の状況，あるいは生物圏が人間活動の影響を吸収する能力といったものである。しかし，経済成長の新たな時代への道を開くために技術・社会組織を管理し，改良することは可能である」とされています。

ブルントラント委員会によるこの考え方については，理念についてもやや妥協的な点があることや実際の開発に直面したときの判断基準としては，あいまいさが残り，持続可能な社会を構築していく上ではあまり役にたってこなかったのではないかという批判があります。しかしながら，「持続可能な発展」という概念がこれにより世界に一気に広まり，研究者のみならず，行政や企業，そして一般の市民に至るまで，「持続可能な発展とは何か，それを実現するための条件とは何か，そこに至るための手段や経路は何か」というような，これまでの経済成長を中心とした考え方に新たな問いを投げかけ，それに対応する広範な活動を引き起こしたことは大きな功績であったと思います。

以上のように，「持続可能な発展とは何か」との問いに対しては，このブルントラント委員会の定義がよく引き合いに出されるのですが，実は，この「持続可能な発展」概念に関して，1970年代に先進的な定義を発表した経済学者がいます。それが，ハーマン・デイリー（Herman Edward Daly：1938–）です。デイリーは，持続可能な発展に関して，次のような「ハーマン・デイリーの持続可能な発展の三原則」を提起しました。若干簡略化していうと，①再生可能な資源はそれが再生できるペースで使うべきこと，②再生不可能な資源はそれが再生可能な資源で代替できるペースで使うべきこと，③廃棄物や有害物は，自然が受け入れ浄化できるペースで排出するべきこと，の三つです。この定義は，本来，環境・経済・社会にまたがる「持続可能な発展」という概念という観点からは，すべてをカバーするものではなく，持続可能な発展を支えるベースとなる自然資本の観点から，持続可能な条件を考えたものといえますが，その定義の明確さと政策への適応可能性という面で，今日，改めて注目されています。この原則については，改めて第10章で詳しく取り上げます。

1.3 本章のまとめ

環境問題は，私たちの経済活動と密接にかかわりながら生じてきました。特に日本では，第二次世界大戦後の高度経済成長期に伴う公害問題や自然破壊問題が大きな社会問題となりました。

また，環境問題の内容についても，健康被害を伴う激甚公害，廃棄物問題なども含む都市生活型公害，気候変動問題や野生動植物の減少などの地球環境問題など経済活動やその内容の変化に伴って様相を異にしてきています。さらに問題意識そのものも，公害の防止や自然環境の保全といった個別のものから，持続可能な経済社会の構築といったものに変わってきています。

一方で，環境経済学も当初は，資源，環境制約の視点からはじまり，市場に組み込まれない外部不経済の視点からの分析やその是正策についての研究が進む一方で，社会システムのありかたそのものに対する研究も進展しました。現在は，持続可能な発展という視点から多くの研究が進められています。

練習問題

1.1　日本の環境問題はどのように起こってきたのか，また，時代によってどのような特徴があったのか，その要因をあげつつ，その変化に沿ってレポート用紙一枚程度でまとめてください。

1.2　環境経済学は，どのような発想から誕生したのか，「資源，環境制約の視点」，

「外部不経済の視点」，「社会経済システムの視点」，「持続可能な発展の視点」の４つの視点に分けてレポート用紙一枚程度でまとめてください。

1.3　環境問題と経済との関係について，持続可能性の観点から，生産，消費，廃棄や資源の調達に着目して，１つの図に表してみてください。

コラム　尾瀬を守った長蔵小屋主人平野長靖と大石長官

新潟県，福島県，群馬県，栃木県の四県にまたがる山々に囲まれた標高1400m を超える盆地に，美しい尾瀬ヶ原が広がっています。現在では，高層湿原を有する尾瀬国立公園として，日本を代表する自然公園の一つに指定され，毎年多くのハイカーに親しまれています。

しかしながら，尾瀬がここに至るまでは，何度も大規模な開発計画によりその自然が壊される危機がありました。その歴史は，小屋の名前の由来となった平野長蔵が 1910 年（明治 43 年）に尾瀬沼脇に山小屋を営んだことがはじまりでした。1922 年（大正 11 年）には，尾瀬の水資源に着目した電力会社が水利権を獲得し，尾瀬にダムを造り至仏山にトンネルを掘り発電をする計画を発表しました。尾瀬の自然の価値を深く知る長蔵は，その計画を阻止するため，当時の内務大臣であった水野大臣に請願を行うなど精力的な活動を行い，その努力もあいまって計画は中止されました。長蔵はまた，尾瀬の保全のため国立公園への指定に奔走し，その死後の 1934 年（昭和 9 年）に尾瀬は国立公園に指定されました。まさに日本の自然保護活動のはしりといってもいいと思います。

長蔵の死後，長蔵小屋の経営は息子の平野長英に，さらに，その息子である平野長靖に引き継がれました。ただ，小屋の主人三代目の長靖は，最初から小屋の経営を心ざしたのではありません。彼は京都大学に進学し卒業後は北海道新聞の記者になりました。ところが小屋を継いでいた弟の急逝により，急遽小屋の経営を引き継いだのです。1967 年のことでした。

ちょうどその頃，尾瀬ヶ原を通る観光道路の建設が計画され，当時，国立公園を管轄する厚生省はその建設を認可し，道路建設が 1966 年からはじまりました。このことに強い危機感を抱いた長靖は，道路建設反対運動を展開したものの，一度認可された道路建設を覆すことはきわめて難しい状況でした。そのさなかの 1971 年，当時の激しい公害や自然破壊に反対する世論を背景に環境庁が設置され，国立公園の管轄も厚生省から環境庁に移りました。長靖は，この機会をとらえ単身上京し，環境庁の長官であった大石武一に，尾瀬沼の道路建設の中止を直訴し尾瀬沼への視察を要請しました。

当時，一旦認可をした道路建設を覆すことは，日本の行政の常識からいってほとんどありえないことでしたが，大石長官は尾瀬への視察を決断し，道路建設認可の取り消しを行ったのです。これには当時の世論の支持が大きな後押しとなりました。しかしながら，尾瀬と東京の間を何度も往復していた長靖は，この年の 12 月，豪雪の尾瀬の峠道で遭難し力尽きて 36 歳の生涯を閉じました。

このエピソードからわかることは，開発による経済的な価値と尾瀬の自然の価値を正しく比較することが如何に難しいかということです。尾瀬は，その価値を知る平野長蔵や長靖の身を挺した努力とそれを受け止めた大石長官などによって守られましたが，これらの人々の存在がなければ，現在の尾瀬の自然は大きく変わっていたものと思われます。環境経済学とは，このような個人の努力によって開発のありかたが左右されるのではなく，社会システムとしてより合理的な開発のありかたを確立することに貢献する学問であるべきだと思います。

第2章

環境破壊と市場の関係

この章では，環境経済学での分析の基礎となる経済学の分析手法について学んでいきます。次いで，その手法を用いて，環境問題が生じているとはどういうことかということについて，市場の失敗という概念を用いて分析していきます。初めて経済学を学ぶ方にとってはややとっつきにくいところもあるかもしれませんが，環境経済学を学ぶ上でとても重要なところですので，自分で図を書いて確かめるなどして，しっかりと理解してください。

○ *KEY WORDS* ○

ミクロ経済学，支払い意思額，消費者余剰，
需要曲線，供給曲線，市場の競争，
生産者余剰，社会的余剰，均衡価格，
私的限界費用曲線，社会的限界費用曲線
社会的費用の内部化，環境税

2.1 経済学を用いた分析

前章では，市場経済と環境破壊の関係について見てきました。この章では，その関係と対応について，ミクロ経済学の手法を用いてより具体的に分析していきます。経済学を初めて学ぶ方のために，まずは，市場をめぐる分析手法の基礎概念から説明します。市場における消費者と生産者の行動は，普段私たちはあまり意識せずに行っているので，これから説明するようなことはいちいち考えていない場合が多いのですが，市場で取引をするということは，消費者にとっても，生産者にとってもそれがともに利益になるからこそ，行われるのです。それでは以下，その仕組みを見ていきましょう。

消費者と需要曲線

市場には，モノやサービスを求めてやってくる消費者がいます。まずはその消費者の行動について，図 2.1 を見ながら考えてみましょう。

今，あなたはとてもお腹がすいていて，コンビニにおにぎりを買いに行ったとします。コンビニにはさまざまなおにぎりが並んでおり，1 個 90 円の値段がついています。あなたは，まず目についた鮭のおにぎりを手にとりました。それがとてもおいしそうで，気分的には 300 円くらい出しても食べたいと感じたからです。ただ，それだけではお腹が一杯にはなりそうもありませんので，その横のツナマヨのおにぎりも買うことにしました。気分的には 200 円くらい出しても食べたいと感じたのでこれも手に取りました。この 2 つを食べた自分を想像しても，まだちょっと足りない感じがします。それでさらにその横の昆布のおにぎりも手に取りました。このときにはかなり空腹感がやわらいでいる自分が想像できましたのでまあ，100 円くらい出してもいいかなという気分でしたが，実際の値段は 90 円なので，まだお得感があ

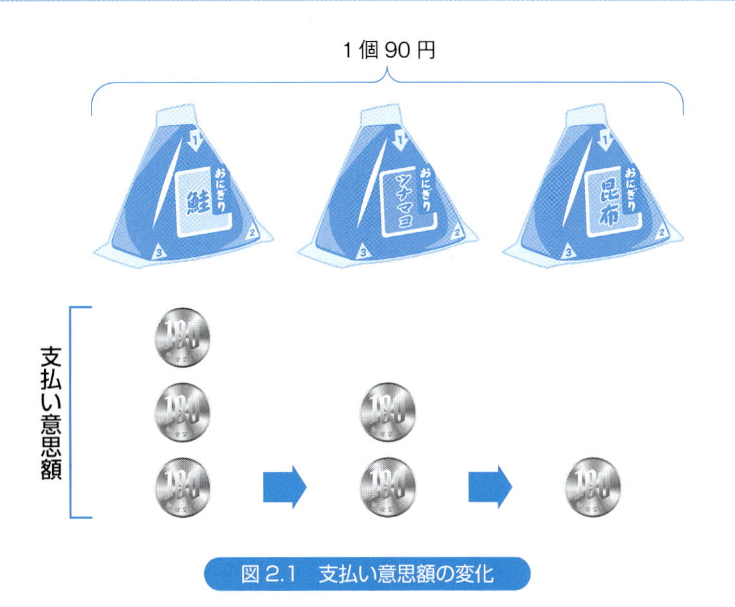

図 2.1　支払い意思額の変化

りました。ただ，おにぎりを 3 つ食べた自分を想像すると，4 個目のおにぎりにはあまり魅力がなく，まあ 50 円くらいの割引のものでもあれば買おうかと思ったのですが，そのようなおにぎりはありませんでしたので，結局おにぎり 3 個，合計 270 円の買い物をしました。

以上の行動のうち，最初の 1 個目のおにぎりで 300 円出してもいいかなと思った金額を経済学では**支払い意思額**といいます。同じおにぎりなのですが，1 個目を食べた自分を想定した後は魅力度が減り，2 個目のおにぎりの支払い意思額は 200 円に低下しています。さらに 3 個目のおにぎりの支払い意思額は 100 円に低下しました。さらに 4 個目については，相当の満腹感が想像されましたので，支払い意思額は 50 円に低下しました。

これらの支払い意思額に対して，おにぎりは 1 個 90 円ですから 3 つ目までは十分お得感がありましたが，4 つ目は支払い意思額の 50 円に比べて 90

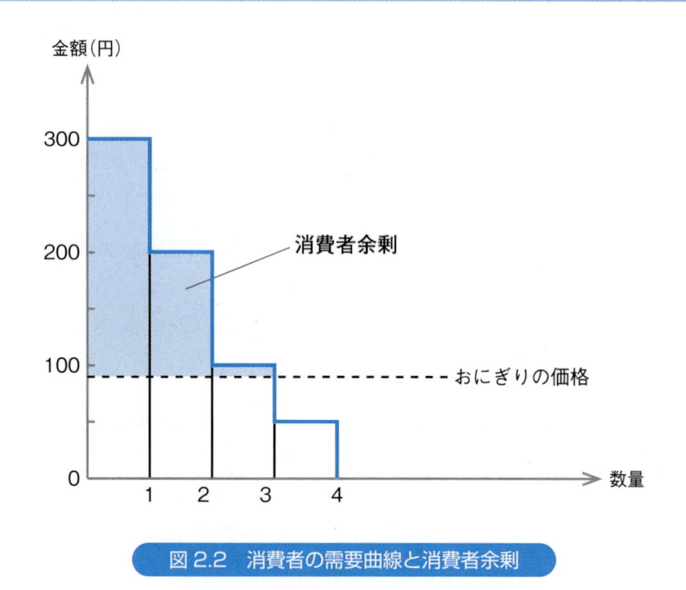

図 2.2　消費者の需要曲線と消費者余剰

円は高いのでお得感はなく，購入はしないという選択をしたわけです。

結局，この購入に関して，支払い意思額の合計は 300 円＋200 円＋100 円の 600 円になります。それに対して，実際に支払った額は 90 円×3 で，270 円になります。この 600 円から 270 円を引いた額である 330 円分のお得感をミクロ経済学では消費者余剰といいます。

要は，消費者は，モノやサービスについて，常に自分の中にある支払い意思額と実際の値段とを比べてそれを購入したりやめたりするのですが，最終的には，この消費者余剰があるために，買い物の満足感が残るという考え方です。

そのことを図で表したのが図 2.2 です。ここでは折れ線グラフで一つひとつの行動を表していますが，その形状はそれぞれの個人により異なります。それを一般化したのが，ミクロ経済学で使われている需要曲線です。需要曲線は，その数量が多くなるにつれて支払い意思額が低下するため，右下がりになっています。その需要曲線と価格とが交わったところが購入数量になりますが，もし，価格が上がれば，購入数量は減り，逆に下がれば購入数量は増えるという関係になります。また，実際の市場は多くの消費者や生産者の集合体ですので，それを反映したものになりますが，基本的な性格はこれまで説明したものと同じになります。

生産者と供給曲線

次に，市場でモノやサービスを売る生産者の行動について，図 2.3 を見ながら考えてみましょう。先ほどは個人が買い物に行った場合を想定しましたが，ここでは１人でやっているおにぎり屋さんを想定します。

おにぎりを生産するには材料を仕入れなければなりませんし労働力も必要

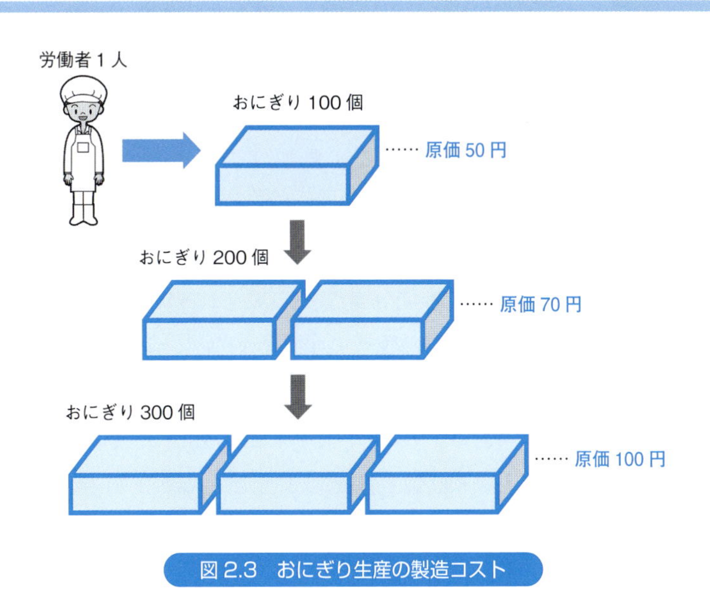

図 2.3　おにぎり生産の製造コスト

です。ここでは，1日100個の生産が1人の生産の適量でそのときの製造原価は1個当たり50円と仮定します。それを1日に200個に生産量を上げようとすると，追加的な100個の生産の1個当たりの生産費用が上がる可能性があります。例えば，アルバイトの人を余計に雇わなければならないかもしれませんし，100個のときと同じ品質のよい材料を揃えようとすると材料費がより割高になるかもしれません。それをさらに300個，400個と増やしていくとあちこちで無理が生じてそもそもそのように増やすこと自体が難しくなるかもしれません。ここでは，200個に増やした場合の追加的な100個の1個当たりの製造原価は70円に，300個に増やした場合の追加的な100個の製造原価は同じく100円になると想定します。

もちろん，実際には，おにぎりを作る技術やシステムの進歩で製造コストが違ってくるということもありますし，製造に関する固定費をどう見るかということもあるわけですが，それらを無視してシンプルに考えた場合には，このように数量を増やしていくと生産単位当たりの製造コストが増加していくということが一般的とされています。この生産者の生産にかかる費用（これを私的費用と呼びます）を生産数量に沿って表したものは供給曲線と呼びます。この供給曲線の傾きなども，消費者余剰の説明の際に見た需要曲線と同様，それぞれの生産者によって異なります。

ところで，このおにぎり屋さんの近所にはコンビニがあって同じようなおにぎりが90円で売られているとします。そうすると，このおにぎり屋さんも同じ値段で売らないととても売れませんので，1個90円という値段で売ることになります。これが市場の競争です。その場合，1日100個生産の場合は，50円の製造原価ですので，1個当たり40円の利益が出ます。さらに頑張って200個生産の場合は，70円の製造原価ですので，1個当たり20円の利益がでます。ただし，300個生産をしようとすると1個当たり10円の損失が出てしまいますので，1日の生産は200個にしようという判断になります。これを図で表したのが図2.4です。

このとき，100個生産の場合は1日当たり4000円の利益が出，さらに100

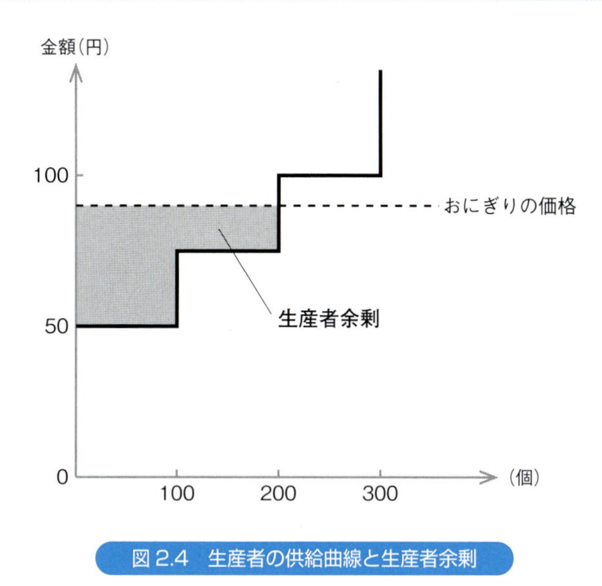

図 2.4　生産者の供給曲線と生産者余剰

個追加して200個体制にした場合は追加的に2000円の利益が出ます。この6000円分を，経済学では生産者余剰といいます。消費者余剰の概念に比べると生産者余剰の概念は，市場価格と製造原価，いわゆる私的費用との差という利益で表すことができますので，より理解しやすいのではないでしょうか。いずれにしても，市場における取引においては，消費者は消費者余剰という利益を，また，生産者は生産者余剰という利益を得ることができるからこそ，市場での取引が成り立つのです。

○ 市場モデルと社会的余剰

以上の説明は，消費者余剰と生産者余剰の概念をできるだけわかりやすくするために消費者個人や生産者個人を例にあげましたが，市場全体の分析を

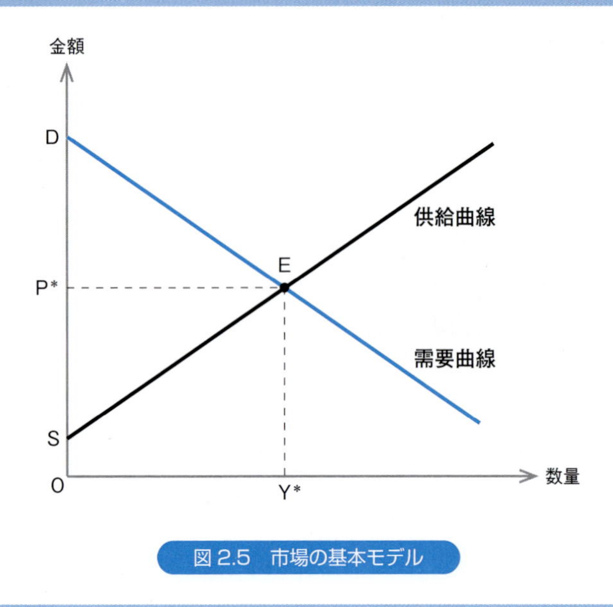

図 2.5　市場の基本モデル

行う場合は，それぞれの消費者の需要曲線や生産者の供給曲線を集計する必要があります。

これについては，ある価格のもとでそれぞれの消費者が選択する購入量と，ある価格のもとで生産者が選択する生産量を水平に合計していくことで市場全体の需要曲線と供給曲線を導きだすことができます。これまでは，需要曲線と供給曲線を階段状の線で表してきましたが，ここでは，2 つの曲線をより一般的な形状とし，曲線と名前がついていますが，便宜的に直線で表しています。これが，図 2.5 で，ミクロ経済学では，市場の機能を分析するときの基本モデルとなります。

図中の価格 P*では，消費者の需要量と生産者が供給する財の量が Y*で一致しています。市場では，需要と供給が一致していない場合，例えば，需要が供給を上回っている場合は価格が上がり，逆に供給が需要を上回っている場合は価格が下がり，それに連動して需要と供給の量が調整され，最終的に

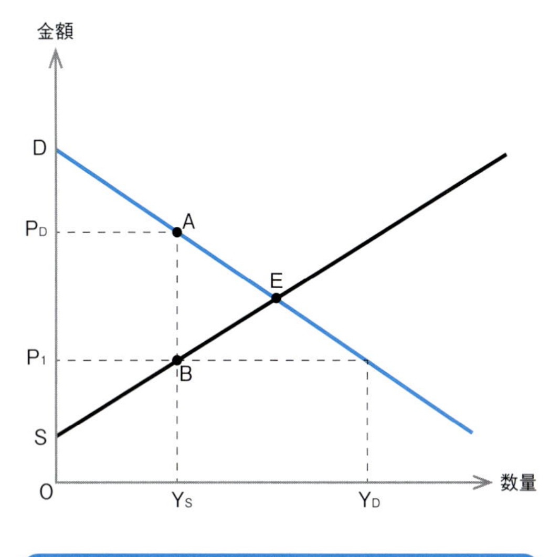

図 2.6　需給にギャップがある場合の社会的余剰

需要と供給が釣り合うところで価格が決定されるというメカニズムが働くからです。ただし，このメカニズムが働くためには，市場において，多数の消費者や生産者が参加をしていて，誰もが市場価格に影響を与えるような強い力を持っていないことが条件となります。

さて，このモデルでは，市場における取引に伴う社会的な利益について考察することができます。つまり，取引で得られる消費者余剰と生産者余剰をそれぞれ足し合わせたものを社会的余剰と呼び，その大きさにより，社会全体としての利益の大きさを図るモノサシとするのです。そうすると，この社会的余剰は，消費者の需要と生産者の供給とが，ある価格でちょうど釣り合ったとき（これを均衡価格と呼びます），最大となります。この図に則して見てみると，消費者余剰は DEP*，生産者余剰は SEP*ですから，社会的余剰は DES となり，これが最大となるのです。

そのことを思考実験で確かめてみましょう。もし，図 2.6 のように，たまたま何らかの理由で価格がこの均衡価格を外れて，P_1 という値であったとします。その場合は，消費者は Y_D という数量までこれを購入しようと思うわけですが，生産者の方は逆に Y_S という数量までしか供給しませんので，結果として，消費者余剰は $DABP_1$ となり，生産者余剰は SBP_1 となりますので，その合計である社会的余剰は SBAD となり，明らかに均衡価格の場合の社会的余剰の SED よりも小さくなってしまいます。つまり市場において，需給のギャップがある場合は，需給が釣り合っているときと比べて社会的余剰が小さくなってしまうのです。このケースは均衡価格よりも安い価格の場合を考察しましたが，均衡価格よりも高い価格の場合も同様です。もちろん，競争市場のもとでは，需要と供給にギャップがある場合は市場における調整機能により，速やかに均衡価格に移行しますので，このような状態が続くことはありません。

2.2 環境問題と市場の機能

それでは次に，先のモデルを拡張して，環境問題が発生している場合の分析をしてみましょう。ここでは，あるモノの生産に伴って大気汚染が発生している場合を想定します。このとき，政府はまだ何ら大気汚染や水質汚濁についての規制等をしておらず，生産者は自社の煙突から自由にばい煙を放出し，排水路からは廃水を放出しています。これは，まさに環境政策が確立する以前の日本の戦後の高度経済成長時代の状況です。

生産者は市場の中で生産にかかる原材料費や光熱費，労働や機械設備費などの私的費用を計算し，自分の製品が消費者の需要との関係で，どれほど売れるかを勘案しながら生産計画を立てていきます。先のモデルに沿っていうと，自分の供給曲線と消費者の需要曲線が交わるところで，モノの販売価格や生産量を決めていくことになります。

その際，環境の観点から問題となるのが，生産に伴って大気中や公共水域に汚染物質を放出し，それが環境汚染となり，健康被害や自然破壊をもたらしていることです。第１章でも説明したように，この時点では，生産者はその防止については何も行っていませんので，これは，カップのいう，「経済活動によって引き起こされ，第三者が被る損失，あるいは全体としての社会に転嫁される費用で，それを引き起こす経済主体の経済計算においては何の顧慮もされていない費用」にあたります。いわゆる社会的費用の発生です。これは，市場を経由しない，被害や損失を伴っていますので，経済学的には，いわゆる「外部不経済」が発生している状態と理解されます。そのような状態は，前節で見た市場取引に伴って生じる社会的余剰の観点からどのように評価され，それに対応するにはどうすればよいかを具体的に考えてみましょう。

○ 外部不経済の分析モデル

図 2.7 は，市場取引において，外部不経済が生じている場合の分析モデルです。基本となるのは，生産者の供給曲線と消費者の需要曲線ですが，生産者の供給曲線は，生産者の生産にかかる私的費用を生産数量に沿って表したものですので，ここでは私的費用曲線としています。また，これまで説明してきたように，この費用曲線は，生産者が生産量を１単位増やした場合に要する費用を数量の変化に沿って表していますので，経済学的により正確な私的限界費用曲線という表現にしています。

この図では，その上に社会的費用が付け加えられています。このケースでは，生産に伴って大気汚染や水質汚濁が生じているのですが，その被害や損害，すなわち社会的費用は，生産数量が増えるに従ってよりその度合いがひどくなることを想定しています。そのため，社会的費用は私的費用に比べてより上向きの角度の線で表されています。また，これも数量が１単位増加当たりの社会的費用を表していますので，こちらも社会的限界費用曲線という表現にしています。

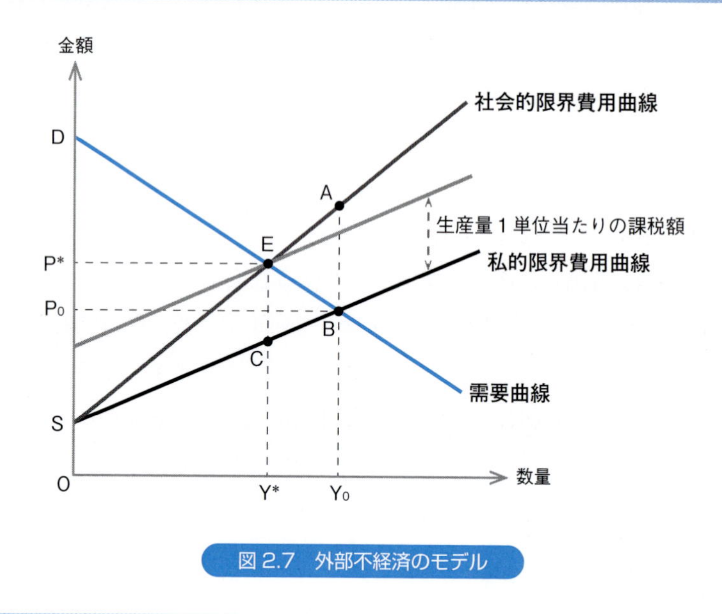

図 2.7　外部不経済のモデル

さて，このような状況のもとでの生産者の判断と社会的費用の発生状況を見てみましょう。ここでは，実際には健康被害や自然破壊といった社会的費用が発生しているのですが，そのための対策や補償などは求められていませんので，生産者の私的費用計算の中にそれが反映されていません。そのため，市場では生産者の私的限界費用曲線と消費者の需要曲線が交差したBで価格と生産数量が決まります。そのときの消費者余剰は DBP_0，生産者余剰は SBP_0 となります。それでは社会的余剰はこれを足したSBDでよいでしょうか。問題は，生産に伴い，社会的費用が発生していることです。そのため，生産数量 Y_0 のもとでは，SBAだけの社会的な損失が生じています。したがって，生産数量 Y_0 のもとでの社会的余剰SBDから社会的損失のSBAを差し引く必要があります。

そうすると，社会的余剰は，SEDからABEの部分を差し引いたものとなります。

次に，ピグーらが唱えた社会的費用の内部化を行ってみましょう。ここでは，環境税を用いて内部化を行います。まず，社会的限界費用曲線と需要曲線の交点Eを通り，私的限界費用曲線と平行な線を引きます。これは，均衡価格P*のもとにおける私的限界費用と社会的限界費用との差額であるEC分の課税を生産量1単位当たりにかけたことを意味します。

これは，もともと，需要曲線と供給曲線が交わったところでの均衡価格と生産量のもとで社会的余剰が最大化するという前節の結論を踏まえた対応です。すなわち，私的費用に社会的費用を加えた「真の」費用曲線と需要曲線が交わったところでの均衡価格と生産量が社会的余剰を最大化するという考え方です。それを確かめてみましょう。

ここでは消費者余剰はDEP*に，生産者余剰はSCEP*となります。生産者余剰のうち，課税部分は，最終的には生産者の手元には残らないのですが，一義的には生産者の手元に残りますので，そのようにカウントします。ただし，そのうち，SCEの部分は社会的損失としての外部費用が発生していますので，その分を差し引くと，消費者余剰を加えた最終的な社会的余剰は，SEDとなります。

これを課税をしなかった場合の社会的余剰と比較をしてみると，課税をした場合の社会的余剰はSED，しなかった場合の社会的余剰はSED－ABEとなり，ABEの分だけ社会的余剰が少なくなります。これを経済学では厚生損失と呼びます。したがって，環境問題などの外部費用が発生している場合，適切に対応しないと常にこのような社会的損失が引き起こされる一方，適切な環境税を課するなど，適切な対応を行い，外部費用を内部化すれば，社会全体の利益は増大するということになります。

これが社会的費用の内部化が理論的に正しいとされる根拠であり，今日においても環境経済学の重要な概念の一つとなっています。

2.3 本章のまとめ

経済学の分析で重要なポイントは，市場において消費者と生産者がどのような行動をとり，お互いの利益を最大化しているかを分析することにあります。その分析をするために，需要曲線と供給曲線という概念が用いられます。また，その利益を把握するために消費者余剰と生産者余剰とを合計した社会的余剰という概念が用いられます。

これらの概念を用いて，環境問題を分析し対処するために，外部不経済の発生とその内部化という考え方が用いられます。いずれも，現実の行動や概念をかなり抽象化したものですが，社会全体の動きを大きく把握する上でとても有用なツールとなっており，今日においても環境経済学の重要な概念となっています。

練習問題

2.1 値段がついているある具体的な品物を想定して，消費者の需要曲線を図に描き，市場価格との関係で，どれほどの消費者余剰があるか，図の中で確かめてみてください。

2.2 値段がついているある具体的な品物を想定して，生産者の供給曲線を図に描き，市場価格との関係で，どれほどの生産者余剰があるか，図の中で確かめてみてください。

2.3 値段がついていないある品物を想定して，需要曲線と供給曲線を図に描き，どのようにして，市場において価格と生産数量が決まるのかを確かめてください。次いで，そのような状況において，消費者余剰と生産者余剰がどの部分にあたるか，確かめてください。

2.4　ある製品の生産に伴って，外部不経済が生じているケースを想定して，需要曲線と供給曲線に加え，社会的費用を表した社会的限界費用曲線を図に描いてください。次いでそれを是正するための課税曲線を加え，この図を用いて，課税を行った場合の方が，課税を行わなかった場合よりも社会的余剰が多くなることを，確かめてください。

コラム　OECD による汚染者負担の原則（PPP）

第 2 章では，社会的費用の内部化が社会的余剰，すなわち社会の利益を最大化するということを見てきました。しかしながら，気候変動問題をはじめ，今日の実際の社会において，このような社会的費用がすべて適切に内部化されているとは未だいえない状況にあります。

ただし，先進国の間ではいわゆる公害問題にかかる社会的費用については，比較的早くからそれを国際的に内部化する努力が進められてきました，その一つが，OECD（経済開発協力機構）が 1972 年に加盟各国に対して勧告した汚染者負担の原則（Polluter-Pays Principle：PPP）です。この原則は，モノの生産に伴う公害などの汚染を生じさせている者が行う公害対策等にかかる費用は，一義的にその者がその対策費を負担しなければならない，というものです。

この勧告は，公害などの原因を作っている者は，きちんと対策を行わなければならないという，そもそも社会的費用をできるだけ生じさせない努力をすべきであるというメッセージとともに，その対策等にかかる費用については，政府などが補助金の形などで支援をしてはならないというメッセージを含んでいました。これは，例えば，ある国では事業者が公害対策を行う費用について大幅な補助をし，ある国では補助なしで自らの費用のみで行うなど，ばらばらな対応を行うと，それが製品価格に反映され，前者のケースの場合の物品の方が後者のケースに比べて割安となり，競争上より有利になるということが生じるため，そのような国際貿易における競争条件を揃えるためにこのような勧告を行ったという側面があります。

ちなみに，日本では，公害対策の際に直接規制とともに補助金を多用してきたという歴史があり，その影響もあって，政府の公式文書に「OECD の汚染者負担原則」という表現がようやく入ったのは，1994 年の環境基本計画策定のときでした。

もとより，社会的費用の内部化のやりかたについては，環境税のみならず，直接規制や排出量取引など，さまざまな手法がありますが，いずれにしても必要かつ適切な対策を自らの費用で行い，それらの費用がモノやサービスに含まれた価格が市場に反映されることが重要です。その面から見ると，現在，大きな社会的費用を生み出してきている石炭や石油などの化石燃料の価格は，本来の適正な価格よりかなり安い水準にあり，世界的に過剰利用されている可能性がきわめて高いということがいえると思います。今後の大きな課題です。

第3章

環境評価の手法

環境の価値というものが，市場では正しく評価されない場合が多いことが，環境問題が生じてしまった要因の一つとされてきました。それではその価値をどうすれば把握することができるでしょうか。本章では，これまで環境経済学で開発されてきた主な手法について見ていきます。

○ *KEY WORDS* ○

環境の価値，利用価値，非利用価値，
オプション価値，環境の貨幣的評価，福祉水準，
ヘドニック法，トラベルコスト法，代替法，
仮想評価法（CVM），コンジョイント分析

3.1 環境の価値の評価

環境の価値とは

前章では，市場での取引に際して外部費用が生じている場合の分析を行いました。そのようなケースでは，その外部費用を何らかのやりかたで貨幣換算をすることとしてその分にあたる環境税を課すことにより，外部費用の内部化を行いました。

しかしながら，よく考えてみると大気汚染にしても水質汚濁にしても，はたまた森林伐採などの自然環境の喪失などについても，それがいったいどれほどの外部費用を生じさせているのかということを正確に知ることは容易なことではありません。この外部費用は，社会的費用とも呼ばれますが，時として，その費用の捉え方はそれぞれの立場によって大きく異なる場合があります。

例えば，自動車による公害や事故の問題が大きな社会問題となっていた1974年に出版された宇沢弘文（1928–2014）の『自動車の社会的費用』では，それを内部化するために年間に賦課されるべき税金は200万円であると述べられています。それに対して，社会的費用に関する当時の運輸省の計算では7万円，野村総合研究所の計算では17万円，自動車工業会の計算では7000円であったとされています。宇沢教授の社会的費用の計算には，そもそも自動車による交通事故や公害などは本来起こってはいけないことであり，それらを生じさせないような道路環境の整備を行うための費用を含めるべきであるという考え方がありました。

以上の事例は，環境問題も含めたより広い意味での社会的費用についての計算のケースですが，環境の側面に限ってもその計算は容易ではありません。また，そもそも環境とは何かという「環境」の定義についても，環境基本法など，環境政策を規定している法律でも具体的な定義はなされていません。これは，「環境基本法制が対象とすべきいわゆる環境の範囲については，今日の内外の環境問題の国民的認識を基礎とし，社会的ニーズに配慮しつつ，施策の対象として取り上げるべきものとすることが適当である」（環境基本法制のありかたについての審議会答申）という考え方に基づいており，いわば，その時代時代における国民の常識的な判断をベースとするということになっているからです。

それでは，改めて，環境の価値とはどのようなものであるかを考えてみましょう。ただし，前述のように，環境という意味合いは多様なので，ここでは，環境という意味を，新鮮な空気と緑，そして騒音や悪臭のない静かで美しく落ち着いた住宅まわりの環境というイメージで使ってみます。もちろん，価値の中には，すぐに貨幣換算できるものとそうではないものが含まれます。

まず，大きく分けて，環境の価値は，利用価値と非利用価値の二つに分類されます。利用価値とは，環境を実際に利用することに由来する価値です。これはそのような住宅地に実際に住み，そこで得られる健康で快適な生活の満足感といってもいいかもしれません。一方で，現在は利用していない地域の環境は住人にとって全く無価値のものでしょうか。なぜなら，現在はある地域に住んでいても，将来仕事その他の理由で他の地域に引っ越すことがあるかもしれません。あるいは引っ越さないまでもしばらく滞在することになるかもしれません。そのとき，どの地域に行くことになっても，それらの地域が良い環境であることは，その人の生活にとって価値のあることだといえます。これは，経済学的には，そのような環境を利用するというオプション（選択肢）を残しておいてほしいと思うことに由来する価値で，これをオプション価値と呼びます。オプション価値は，現在は利用していないものの，将来利用する可能性にかかる価値なので，広い意味での利用価値の範疇に入ります。

これに対して，現在は利用しておらず，将来も決して利用することがないとしても，その地域の環境が良好なものであってほしいということがあれば，それは利用を超えた**存在価値**があるということになります。これは，これまでイメージしてきた住宅をめぐる良好な環境というものではちょっとイメージしにくいかもしれませんが，より優れた大自然などの保全地域を考えるとイメージしやすいかもしれません。非利用価値とは，このようなものになります。

人の一生には限りがありますので，地球上のすべての地域に足を運ぶことは難しいのですが，例えば，ふつうの人が一生のうちで行かないような南極大陸の環境が人間活動による汚染物質で汚染されているというようなニュースを聞くと心が痛むということはないでしょうか。あるいは，最近の気候変動の影響などで海中の美しいサンゴ礁が死滅しかかっているというようなニュースも同様です。

これらの環境の価値を貨幣でもって正確に表すことは容易ではないのですが，とりあえずは，実際に利用する場合あるいは将来利用する可能性がある場合は，**それを残すために支払ってもよいと考える金額でその価値を表す**ことが考えられます。また，存在価値については，**その環境がそこにあること自体を保障するために支払ってよいと考える金額**でその価値を表すことも考えられます。以上をまとめると環境の価値は，一般的に，以下のように表すことができます。

環境の価値 ＝ 現在利用価値 ＋ オプション価値 ＋ 存在価値

このように考えると，単に現在利用されている環境以外の価値も加えられることから，環境の価値をより広く捉えて評価することができます。

なお，上の例では，住宅地や南極といった個別の地域の環境に人が「存在」する場合の価値について考えましたが，例えば，ある地域の森林を伐採してそれを木材として売買するような事例も考えられます。これは，環境の一構成要素である木を利用しているので，このようなケースは環境の直接利用であり，そうではなく，「存在」する場合は間接的利用であるという分類もあります。また，これらの利用価値をそのために支払ってもよい金額といいましたが，これは実際にある住宅地が市場で売り出されている価格そのものではないことに注意する必要があります。

さらに，私たち人類は環境によって生かされている，あるいは，環境は人類の生存基盤であるという言い方があります。大気中の酸素にしても，私たちが毎日飲む水にしてもこれは地球環境全体の大きく循環するメカニズムの中で維持されてきているものです。そういった意味で，普段私たちが意識していない全体的なシステムとしての環境の価値も前述した環境の価値の式の中に含まれているということにも留意する必要があります。

環境の貨幣的評価

環境には多面的な価値があり，直接的利用や間接的な利用に由来する価値に加え，オプション価値や存在価値というようなさまざまな価値があることを見てきました。そして，それらの価値は，必ずしも現在の市場取引の中で，的確で具体的な値づけがされていないということがわかっています。

それを何とかして貨幣的な評価を行い，市場取引の中に組み込もうという試みが，**環境の貨幣的評価**です。これは，環境の質の改善について，それが人々の社会的満足を増加させるものであれば，経済的にも改善であるとする考え方です。すなわち，**環境の質の改善による満足度**を**福祉水準**として測定し，意思決定に組み込めばよいという考え方です。

しかしながら，このような考え方については，次のような疑問も提示されています。

① **誰の**福祉水準について議論しているのか→世代間の問題
② **他の生物**の生存権利→人間中心主義の問題
③ **人々の福祉の総和**の向上→人間社会の持続可能性と一致しない可能性

先にも述べたように，環境という言葉には厳密な定義はありません。「快適な環境」という言葉についても，人々のイメージはさまざまです。とりわけ，都市化が進み，人々の日常の暮らしが，自然から離れていきがちな今日，「快適な環境」の追求は，ややもすると自然のサイクルからは離れた持続可能ではない社会構造やライフスタイルにつながる可能性すらあります。

それにもかかわらず，環境価値の貨幣的尺度を求めることが重要である理由は以下のとおりです。第一に，金額表示は1人1票ではないので，対象となる環境資産に対する選好の強さを表すことができることです。第二に，貨幣的評価の値が十分に大きい場合には，環境の質を守る根拠になることです。第三に，開発行為等に際して，金額という貨幣の尺度で比較した議論ができることです。

すなわち，環境か開発かというような一種の水かけ論で議論が止まるのではなく，建設的な議論を行うための手がかりを提供できるというメリットがあるのです。ただし，その際に重要なことは，「環境の貨幣評価は便利な一つの測定尺度であるにすぎない」ということであり，貨幣で測ることができない利得や損失があることは確かだという共通認識を持つことです。したがって，環境の貨幣的評価を行う場合は，如何なる条件の下で貨幣的評価は有効性を発揮し，どのような場合に限界があるかを明らかにする必要があります。

環境の貨幣的評価は，歴史的には環境損害の貨幣的評価という形ではじまりました。例えば，グラント（John Graunt：1620–74）は，『死亡表に関する自然的および政治的諸観察』を著し，大気汚染が人間社会に及ぼす影響の定量化を試みました。また，ペティ（William Petty：1623–87）は，生活環境にかかわるペストの流行に伴う損失の貨幣評価を試みました。さらに，産業革命期に行われた有名な調査に，当時の公衆衛生官であるチャドウィック（Edwin Chadwick：1800–90）の『イギリスにおける労働者階級の衛生状態』（1842年）があります。彼は，産業革命による生活環境の悪化がもたらす経済的損失を環境悪化による労働者の寿命短縮や家族の扶養経費などを統計的に推計することにより，資本家の立場からも，下水道整備などの環境改善事業が合理的であるということを示そうとしました。20世紀に入ってからも，製鉄で有名なピッツバーグにあるピッツバーグ大学のメロン工業試験所が，煙害について貨幣的評価を行っています。これらの調査は，地域における環境被害の実態を科学的に把握するとともに，それを貨幣による価値評価という手法で表すことにより，改善施策の必要性を根拠づけようとするものでした。同様に，日本における同種の推計としては，先に述べた宇沢教授の自動車の社会的費用の推計や，華山謙（1939–85）が行った江東デルタ地帯における公害による経済的損失を計測した事例などがあります。

3.2 環境価値の計測の手法

それでは，具体的な環境の貨幣価値の推計手法を見てみましょう。ただし，この推計手法については，現時点においても，これが唯一正しいというものはありません。実際には，計測しようとする環境の状況に応じて，いつかの手法を選択・適用するということになりますが，それぞれ一長一短があり，計測された結果については，その正しさについて，一定の限界があるという認識が必要です。

この推計手法については，大きく分けて二つのアプローチがあります。顕示選好アプローチと表明選好アプローチです。顕示選好アプローチとは，市場における私たちの日常行動の中に，環境に対する選好がある程度含まれているので，その市場におけるデータを分析することにより，環境の貨幣価値を測ろうという考え方です。代表的なものとしては，ヘドニック法，トラベルコスト法，代替法などがあります。一方，表明選好アプローチとは，普段市場で取引されていないような環境について，直接質問することによりその選好を捉え，環境の貨幣価値を測ろうという考え方です。代表的なものとしては，仮想評価法（CVM），コンジョイント分析などがあります。

以下，順次それらの内容について解説します。

○ ヘドニック法

例えば，住宅地のまわりの環境の価値について考えてみましょう。ただし，この環境についても，生活環境という面から見ると，公園などの緑や池などの自然環境からの近さから，駅や学校，商店街の近さなどの生活の利便性，さらには治安の状況などまで幅広いものがあります。ここでは，特に，住宅の近くの自然環境の価値を測ることを想定します。

さて，市場という面から見ると，消費者にとってのその最終的な価値は土地の価格に反映されていると考えられます。そのため，その価格には，自然環境のみならず，多くの要素が含まれているものと考えられます。もちろん，すべての要素を取り上げることは難しいのですが，普段私たちが住宅地の選定をするときに重視する，代表的ないくつかの要素を取り上げ，それらがほぼ同じような条件を有しているものの，唯一，公園などの緑や池などの自然環境の存在がある住宅地とそうでない土地の価格を比較します。そのとき，その差額がその住宅近くの自然環境の価値と捉えます（表 3.1）。これが，

表 3.1　ヘドニック法による評価事例

都市緑地の評価イメージ

都市緑地からの距離	平均住宅価格	都市緑地に隣接する地域との住宅価格の差	戸　数	評価額
0m	3300 万円	0	30	0
200m	3200 万円	100 万円	20	2000 万円
500m	3100 万円	200 万円	15	3000 万円
1km	3000 万円	300 万円	10	3000 万円
合　計				8000 万円

（出典）　環境省 HP「自然の恵みの価値を計る」

ヘドニック法です。すなわち，普段明示的に表されていない住宅地まわりの自然環境の価値を，土地価格を通じて定量的に明らかにしようとする手法です。

ただし，実際にその価値を計測する場合には，自然環境やその他のデータを含め，多くのデータを集めて統計的な分析をすることが必要です。そのため，既存のデータがどれほど整備されているか，入手可能であるかに制約されますので，この手法はどこでも適用できるとは限りません。また，土地価格に影響を与える要素について，重要な因子が除外されてしまうと，その結果が歪められる可能性があるという限界もあることに注意が必要です。

トラベルコスト法

私たちが旅行に行く際，国立公園など，自然環境が豊かな地域を選ぶことはよくあります。そのときの自然環境の価値を，そこに行くまでのアクセス費用で代替して計測しようというのがトラベルコスト法です。そのときのコストには，交通費や宿泊費だけではなく，それに費やす時間の機会費用も含まれます。機会費用とは，その時間を旅行ではなく，仕事をした場合，どれほどの収入が得られたかという概念で，いわば，どれだけの収入を投げうってそれを行ったかという費用のことです。すなわち，旅行に行くということは，そのようなコストを払っても得られる価値があると判断していることを表しています。

具体的な計測例としては，ある自然公園への訪問率（その公園への年間訪問者数をその地域の人口で割ったもの）を3つの異なる地域で見た場合が考えられます。A地域が一番近くで0.5，B地域が二番目に近く0.25，C地域が最も遠くて0だとします。また，A地域へのトラベルコストが5000円，B地域へのコストが1万2500円，C地域へのコストが2万円であるとします。これらを図にしたものが図3.1です。

これを見ると，ABCを結んだ線は，この自然公園に対する消費者の需要

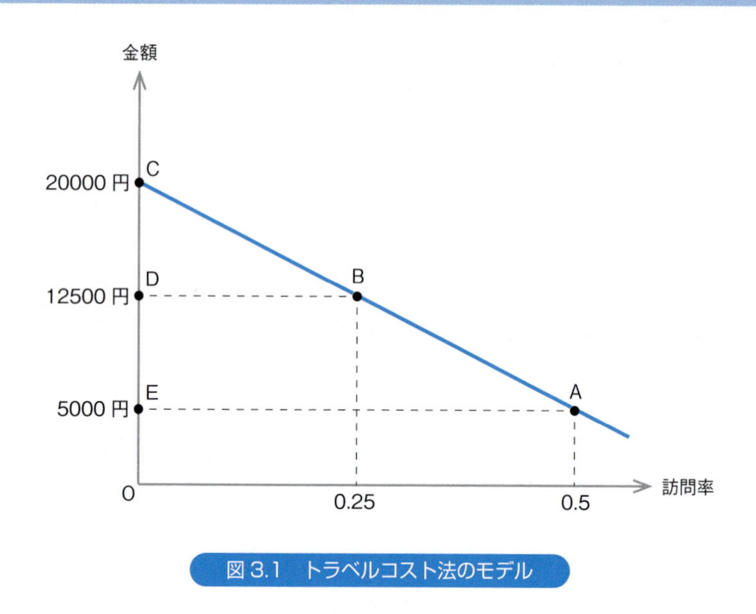

図 3.1　トラベルコスト法のモデル

曲線と解釈することができます。そうすると，A 地点での 1 人当たりの消費者余剰は ACE となり，B 地点での消費者余剰は BCD となります。したがってこの自然公園の貨幣価値の総額は，それぞれの消費者余剰の面積に訪問者数を乗じたものの和で表されます。

代 替 法

環境が有する何らかの価値と同等の価値を持つ代替財・サービスの費用を算出して，その価値を評価する手法が**代替法**です。例えば，水源林の有する価値を評価する場合，ダム何個分の建設費用にあたると表現したりする場合があります。しかしながら，この例でもわかるように，ダムそのものと，水源林全体の環境価値とは必ずしも同等とは限りません。その意味では，この手法が適用できるのは，評価対象と同じ機能を有する代替財・サービスが実際に市場で入手できる場合に限られるため，適用できる範囲が限定されます。

○ 仮想評価法（CVM）

以上の顕示選好法の事例は，実際の市場において，環境の価値が何らかの形で反映されており，直接のデータが入手可能なものですが，実際には，市場から全くデータが得られないケースも考えられます。その場合は，表明選好法である仮想評価法（Contingent Valuation Method：CVM）という手法が用いられます。これは，仮想的な状況について，アンケートにより回答者の環境に対する選好を把握し，そのデータを基に環境の価値を計測するという手法です。そのため，市場データから計測することが困難な環境の価値についても評価することができるので，適用範囲がきわめて広い手法であるということがいえます。

ここでは，また別の自然公園の利用者の事例で考えてみましょう。この自然公園の入園は無料で，その中に池があるものとします。そのとき，仮に，この公園が有料であった場合，年に何回ここを訪れる意思があるかをアンケートで聞くことにします。まず，現在の状況で年に1回利用する場合，最大いくらまで入園料を支払う意思があるかを聞きます。すでに前章2.1節で紹介しましたが，これを支払い意思額（Willingness to Pay：WTP）といいます。同様に，年に2回利用する場合の支払い意思額，3回，4回と聞いていき，それをプロットすると図3.2のような曲線を引けます。これは，この自然公園に対する需要曲線 D_0 と見ることができます。

次に，現在は，この公園の中の池は，流れ込む川の水質が悪く，池の水も濁っており，景観も良くないとします。それを水質改善することで，池の水が浄化され，かつてのようなきれいな水の池に戻り，景観も良くなったとします。そのときの，環境の改善の価値を計測するため，以前と同様のアンケート調査をすると，年に1回利用する場合の支払い意思額が増加することが

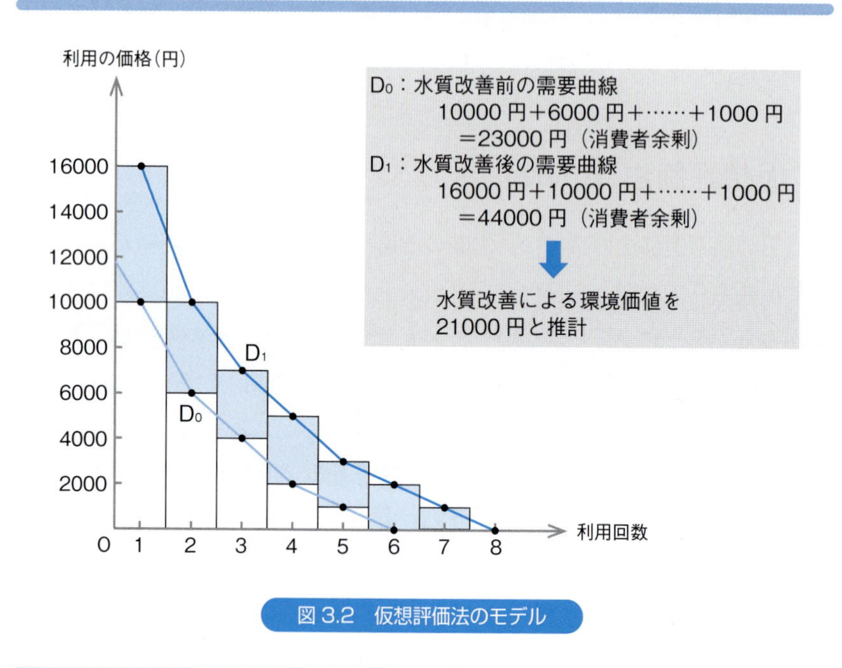

図 3.2　仮想評価法のモデル

想定されます。それをプロットしたのが曲線 D_1 です。それぞれの需要曲線とグラフの縦軸，横軸に囲まれた部分は，いわゆる消費者余剰とみなされます。よって，この池の水の改善による環境の価値の増加分は，図の水色部分として捉えることが可能となります。

このようにして，実際は無料で開放されているような公園であるため，実際の市場データからは環境の価値を計測することはできないケースについても，アンケート調査により，支払い意思額を聞くことにより，間接的に環境の価値を計測することができるのです。

ただし，仮想評価法は必ずしも万能の手法というわけではありません。最大の問題は，アンケートのやりかたなどにより，結果が左右されやすいこと，支払い意思額（WTP）と，それが実際に実施されたとした場合の支払い受容額（Willingness to Accept：WTA）とは通常かなりの乖離があるとされていることです。そのため，仮想評価法を用いて環境の価値を計測する場合は，適用範囲が広いという長所とともに，このような短所についても十分認識をしておくことが重要です。

○ コンジョイント分析

この手法は，もともとマーケティングで用いられ，発達してきたものです。メーカーが，ある商品を売ろうとする場合，消費者は価格やデザイン，色，性能など多くの要因の中から，好みにあった組合せを選択することになりますが，消費者がどのような要因を重視しているかは通常よくわかりません。そのため，それらの要因をいくつか組み合わせたものをアンケートなどで提示して消費者に順位づけしてもらうことにより，それらの要因の中で何が優先されるかを推測し，商品開発に結びつける手法です。これを環境評価に応用したものが**コンジョイント分析**です。

具体的には，レクリエーション，景観，野生生物，生物多様性，生態系といった分野の環境価値を推計する場合に使われています。しかしながら，この手法は，仮想評価法と同じく，アンケート調査の設計のやりかたにより結果が左右されやすいこと，研究蓄積が少なく信頼性にやや欠けるといった指摘もあります。いずれにしても，本手法を用いる場合には，仮想評価法と同様，適用範囲が広いという利点とともに，その短所や限界を認識しておく必要があります。

3.3 本章のまとめ

環境の価値を評価する手法には，人々の実際の経済活動から手がかりとな

表 3.2 代表的な経済的価値の評価手法の概要と特徴

	顕示選好アプローチ			表明選好アプローチ	
	環境が消費行動に及ぼす影響を観察することで間接的に環境の価値を推定する方法で，利用価値が対象			人々に直接尋ねることで環境の価値を評価する手法で，利用価値だけでなく非利用価値も対象	
手法	ヘドニック法	トラベルコスト法	代替法	仮想評価法(CVM)	コンジョイント分析
内容	環境資源の存在が地代や賃金に与える影響をもとに評価	対象地までの旅行費用をもとに評価	環境財を市場財で置換するときの費用をもとに評価	環境変化に対する支払意思額や受入補償額を尋ねることで評価	複数の代替案を回答者に示して，その好ましさを尋ねることで評価
適用範囲	利用価値 地域アメニティ，大気汚染，騒音などに限定	利用価値 レクリエーション，景観などに限定	利用価値 水源保全，国土保全，水質などに限定	利用価値および非利用価値 レクリエーション，景観，野生生物，生物多様性，生態系など幅広く適用可能	利用価値および非利用価値 レクリエーション，景観，野生生物，生物多様性，生態系など幅広く適用可能
利点	情報の入手コストが小さい 地代，賃金などの市場データから得られる	必要な情報が少ない 旅行費用と訪問率などのみ	必要な情報が少ない 置換する市場財の価格のみ	適用範囲が広い 存在価値やオプション価値などの非利用価値も評価可能	適用範囲が広い 存在価値やオプション価値などの非利用価値も評価可能 特定の環境対策以外に複数の代替案を比較して評価可能
欠点	適用範囲が地域的なものに限定	適用範囲がレクリエーションに関係するものに限定	環境財に相当する市場財が存在しないと評価できない	アンケート調査の必要があり，情報入手コストが大きい バイアスの影響を受けやすい	アンケート調査の必要があり，情報入手コストが大きい バイアスの影響を受けやすい 研究蓄積が少なく，信頼性が不明

（出典） 環境省 HP「自然の恵みの価値を計る」中の表を一部修正

るデータを集めて集計・分析する手法である顕示選好アプローチと，人々に環境価値を直接アンケートなどで尋ねる表明選好アプローチの二つの分野があります。前者がヘドニック法，トラベルコスト法，代替法であり，後者が仮想評価法（CVM），コンジョイント分析です（表 3.2）。

いずれの手法も一長一短があり，また適用範囲もそれぞれ異なるため，この手法を用いればいつでも正しく環境の価値を計測できるというものではありませんが，その限界も理解しつつ，このような環境評価手法を適切に活用していくことが重要です。

練習問題

3.1 環境の価値にはさまざまなものが含まれています。例えば，森林や農地などについて，どのような価値が市場で価格づけされており，どのような価値がなされていないか考えてリストを作ってみましょう。

3.2 前問で調べた，市場で価格づけされていない環境の価値はどのような手法で分析することが適当か考えてみましょう。

コラム 持続可能性の強弱と環境の価値

環境経済学では，持続可能性について，大きく分けて，二つの考え方があります。すなわち，「強い持続可能性」と「弱い持続可能性」です。強い持続可能性とは，人間の経済成長には「最適な規模」があり，自然資本は人間の福祉の究極的な源泉であることから，森や海など自然資本の制約を超えて成長することは不可能であるという考え方です。一方，弱い持続可能性とは，自然資本は人間の福祉の決定要因の一つであり，自然資本は，その他の人工資本等で代替可能であるという考え方です。

人類は，もともと，地球上の自然資本に依拠して，それを利用し，その生命維持の機能にも支えられて文明を発展させてきました。その過程で，石油や石炭といったそれまでは地球の生態系の循環にはなかった資源が使われるようになり，また，科学技術の発展により，多くの新たな物質や原子力などのエネルギーが使われるようになり，いわゆる直接的な自然資本のみに頼らなくても日常生活が営めるという状況を，一方で人口を増やしつつ，作り出してきました。

実際，地球全体としてみても，森林面積は減少し，生物多様性も減少していることが大きな問題となってきています。ただし，このことは，現代の生活は森林や生物多様性にすべてかつ直接依拠しなくても当面暮らしていけるということの裏返しでもあり，人々の歴史的な選択の結果そうなってきたともいえます。このような状況の中で環境の価値を考えたとき，強い持続可能性の考え方と弱い持続可能性の考え方のどちらに立つかによって，環境の価値が大きく異なる可能性があることに注意が必要です。

先に述べたように，強い持続可能性の考え方の背後には，自然資本は「人間の福祉の究極的な源泉であり，他の何物にも代替できない」という思想があります。また，自然の持つさまざまな生命維持メカニズムなどを含めた価値を人間はすべて承知しているわけではないという認識があります。そのため，自然資本を他のもので代替することには慎重であり，自然資本を中心とした環境の価値は高いものになります。一方で，そのような自然資本は，他の人工資本で代替できるとする認識のもとでは，環境の価値は相対的に低いものになる可能性が高くなります。問題は，特に，後者の場合，その価値が，自然資本と人工資本との間で市場価格の比較によって定まることから，人間が環境の価値を定量的に直接評価せざるを得なくなるのですが，それが必ずしも正しいとは限らないことです。例えば，森林の伐採で得られるバイオエネルギーと石炭や石油から得られる化石エネルギーの比較をしたとき，かつては化石エネルギーの使用は森林の伐採を抑制できること，また，木材によるエネルギーよりはるかに効率がよかったため，この代替は合理的であり，文明の進歩の成果だと歴史的には判断されてきたものと思われます。しかしながら，石炭による公害の問題のみならず，その使用量の増加に伴う二酸化炭素による気候変動問題が顕在化するに至り，このような代替は，人類の選択として，結果的に決して望ましいものでも合理的なものでもなかったということが次第に判明してきたのです。環境の価値を判断することが如何に難しいかということを，この事例は示しています。

第 4 章

費用便益分析の手法

これまで人類は，より豊かな暮らしを目指してさまざまな開発を行ってきました。その根底には，開発による利益はその費用を上回るという考え方があります。しかしながら，環境問題をきちんと考慮しない開発が環境問題を生じさせてきたのではないかとの反省が広がってきました。本章では，従来の開発の考え方に如何にして環境の費用を組み込むかという分析手法や開発の意思決定に際して重要な要素となる社会的割引率について解説します。

○ KEY WORDS ○

費用便益分析，プロジェクト，
社会的割引率，社会的時間選好割引率，
社会的機会費用割引率

4.1 開発と環境

開発の費用と便益

歴史的には，さまざまな環境問題が，人間の営み，なかんずくさまざまな開発に伴って生じてきました。ただし，そうだからといって，開発をすべて中止しさえすれば問題は解決するというものではありません。また，開発とはすべて環境保全と対立するものではなく，地域によっては，その地域の自然や伝統などを活かした形で開発を目指すというケースも考えられます。そのため，開発に際して，環境問題もきちんと考慮した上で行えば，開発による経済的な利益と環境の保全とは両立するのではないかという考え方が定着してきました。ここでは，開発に際しての，**費用便益分析**（Cost-Benefit Analysis）の標準的な考え方について解説します。

費用便益分析の考え方では，次の式で表されるように，ある**プロジェクト**が実施されるべきか否かは，そのプロジェクトがもたらす社会的便益から，それに要する費用を差し引いたもの，すなわち**社会的純便益が正の値であるかどうか**で判断することになります。

$$NB = B - C > 0$$

ここでは，

NB：純便益，B：社会的便益，C：費用

を意味します。

ただし，多くのプロジェクト，特に大規模な公共的な開発プロジェクトについては，プロジェクトの期間が長いものが多いので，それを考慮して，各期に生じた便益や費用を，割引率を用いて集計し，現在価値に直す必要があります。

$$NB = \sum_{t=0}^{T} \frac{B_t - C_t}{(1+r)^t} > 0$$

ここでは,

B_t：t 期における社会的便益

C_t：t 期における費用

r：割引率

T：考慮すべきプロジェクトの期間

を意味します。

(Σ は 0 期から T 期にわたる各期の $\frac{B_t - C_t}{(1+r)^t}$ の合計を計算する，という意味の記号（シグマ）です。)

さて，このとき，環境破壊による損害や，環境改善による便益が生じている場合は，その分をこの式の中で考慮する必要があります。

$$NB = \sum_{t=0}^{T} \frac{B_t - C_t - E_t}{(1+r)^t} > 0$$

ここでは,

E_t：t 期における環境損害の貨幣的評価

です。

もとより，現代においては，プロジェクトを実施するにあたり，環境アセスメントを行い，公害の発生や著しい自然破壊について，事前にそれが生じないような措置を講じた上で行うこととされています。しかしながら，例えば，いくら技術的な対応をしたとしても，全く自然環境に影響を与えずに何らかのプロジェクトを行うことは事実上困難です。ここでいう環境被害とは，そのような残された何らかの影響を貨幣価値で換算したものと解することもできます。

以上のような作業を行った結果，純利益 NB が正の値をとれば，そのプロジェクトは行う価値があり，また，複数のプロジェクトがあった場合，そ

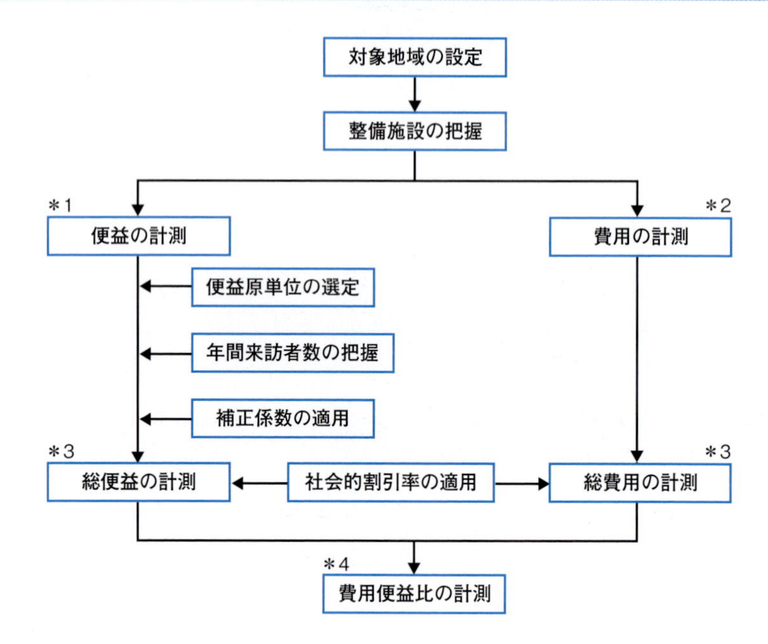

*1　便益は，施設を新たに整備することにより，自然公園の利用価値（魅力度）が増大し，今までよりも来訪者の訪問回数が増加するという効果をトラベルコスト法により金銭評価する。（自然公園等事業の実施によって利用者1人ひとりが訪問したいと思う回数が増加することによる旅行費用（交通，宿泊，時間等の費用）の増加分を集計したものとなる。）

*2　費用は自然公園等事業で整備する施設の施設整備費（用地費も含む）及び維持管理費を合算する。

*3　総便益・総費用は，上記の便益と費用を耐用年数の期間にわたり計測し，社会的割引率（次節参照）を用いて現在価値化した後，積算して算出する。

*4　費用便益比は，総便益・総費用から計測する。

（出典）　環境省 HP「自然公園等事業に係る事業評価手法」中の図を基に作成

図 4.1　環境省における自然公園等事業における費用便益算定の流れ

の値が大きいものから実施すべきであるという結論になります。

図 4.1 は，こうした考え方を実際に適用した自然公園事業の費用便益分析の事例です。ここでは，トラベルコスト法によって推計した自然公園の利

用価値と施設整備費とを比較しています。

4.2 意思決定への応用と課題

環境価値と意思決定ルール

さて，以上のような分析ツールを適切に活用すれば，環境価値が推計でき，正しい意思決定に至り，環境と開発の問題は解決するでしょうか。これは，費用便益分析の意思決定への応用という問題です。

その際，留意すべき点を一つずつ見ていきましょう。まずは，この手法を用いて，プロジェクトの可否を判断する場合，実際にこの便益や費用，さらには環境被害の貨幣的価値を正確に算出することは容易ではないということを改めて思い起こす必要があります。なぜなら，特にこれまで国や地方公共団体などが行う大規模な公共事業などでは，便益の部分を過大に見積もったり，逆に費用を過少に見積もったりすることにより，純便益の値をより大きく見せ，プロジェクトを正当化しようというインセンティブが働きがちであったからです。例えば，地方空港の新設などでは，このようなケースが見られがちであったといわれています。また，かつての石油コンビナートなどの大規模開発などは，プロジェクトによる環境破壊の部分をそもそも全く考慮しないか，極端に過少評価したままにプロジェクトが進められた典型であったといえましょう。

また，この費用便益分析は，たとえ純便益が正の値をとるとしても，それは，環境による損害が適切に補償されることを意味しているわけではありません。また，便益について，社会の中で誰がどのような便益を得るかについて判断しているわけでもありません。これは，経済学的な分析一般にいえることですが，社会全般から見て，費用よりも便益の方が上回っているということをいっているだけであり，いわば，全体としての経済の効率性は確保されているものの，実際に環境損害を受けたり，便益を享受したりする人々の間の公平性を確保するものではないことに注意する必要があります。特に，プロジェクトが公共的な意味合いを持つものである場合には，このような公平性の側面を如何に考慮していくかが大変重要な課題となります。

次に留意しなければならないのは，プロジェクトが及ぼす期間の長さとそれに伴って変化する社会の状況です。近年のプロジェクトは，例えば，原子力発電所や大規模火力発電所など，30 年，40 年といった長期の稼働が想定されているものが多くあります。一方で，気候変動問題など，数十年という時間単位の中で，急速に悪化が懸念されている環境問題も出てきています。そのような状況の中で，現在の状況を前提として，便益や費用を推計し，将来にそれを投影すると，プロジェクトの成否の判断を誤る可能性があります。例えば，現在は，再生エネルギーのコストが急速に下がってきている一方で，政策的な側面を加えた化石燃料や原子力発電のコストは増大する可能性が高まっています。そのため，現時点のコストを前提にした将来推計のまま，プロジェクトの成否を判断することは大きなリスクがあるのです。

気候変動問題と社会的割引率

一般的に，長期にわたるプロジェクトの費用便益分析を行う際には，先に述べたように，将来の便益や費用を割り引いて，現在価値に直して純便益を算出します。この割引率のことを経済学では社会的割引率といいます（表 4.1 に主要先進国等で使われる社会的割引率を示しています）。

この社会的割引率の基本的な考え方は二つあり，一つは，将来についての不確実性や消費の限界効用逓減などの理由から，人々は，本来的に将来よりも現在の方を好むという理由です。これを社会的時間選好割引率といいます。もう一つは，資本生産性がプラスであることによります。例えば，現在の 1 万円を年利 5% で預けることで 1 年後には 1 万 500 円になるとすれば，割引

表 4.1　主要先進国等における社会的割引率（数値及び算出方法）

国名等	社会的割引率	算出方法		時間逓減の有無	リスクプレミアムの有無	備考
アメリカ	7%（施策全般）	資本の機会費用	民間資本の収益率	×	×	
	4%（水資源関係）	社会的時間選好	長期国債の利回り	×	×	名目値，毎年改正
カナダ	8%	資本の機会費用	民間投資収益率，市場利子率及び外国債務の加重平均	×	×	
イギリス		社会的時間選好	Ramsey 式から算出	○	×	
フランス	4%	社会的時間選好	Ramsey 式から算出	○	×	
ドイツ	3%（交通）	社会的時間選好	長期国債の利回り	×	×	施策全般は約3.3%
オランダ	2.5%	社会的時間選好	長期国債の利回り	×	○（3%）	
スウェーデン	2%（交通）	社会的時間選好	Ramsey 式から算出	×	○（2%）	政府全体の割引率なし
欧州連合	3.5%	社会的時間選好	Ramsey 式から算出	×	×	統合補助金対象国は 5.5%
ニュージーランド	7%	資本の機会費用	資本資産評価モデルから算出	×	×	
日本	4%	資本の機会費用	長期国債の利回り	×	×	

（出典）　大谷悟ら「主要先進国等における公共事業評価に適用される社会的割引率の動向」土木学会論文集，2013 年

率は 5% ということになります。これを**社会的機会費用割引率**といいます。

どちらの割引率をとるにしても，環境問題にかかわるプロジェクトに関して，この割引率で将来の便益や費用を割り引くことについては，次のような問題があります。

例えば，ある地域において，気候変動による将来の環境被害による損失が 50 年後に 1000 億円であるとします。そして，それを防止するためには現時点で 100 億円の対策が必要となるとします。もし，この将来の環境被害の損失額を 5% の社会的割引率で割り引くと，その現在価値は，87 億 2 千万円（$=1000$ 億円$/(1.05)^{50}$）になります。そうすると計算上は，対策費用が損失額を上回ってしまいますので，この対策を行うのは経済的に引き合わないという判断になる可能性があります。ただし，実際には，50 年後の世代の

人々が1000億円の被害をこうむること自体は変わりませんので，現在世代が100億円の対策費を支出しなかったために将来世代が1000億円の被害をこうむるという事態が生じます。これは正しい判断といえるでしょうか。

このような事例は，プロジェクトの影響が長期に及ぶ場合，高い割引率を適用すると現在価値がきわめて低い値になることから生じます。そのため，そのような場合には，割引率をゼロないしきわめて低い値にすべきであるという主張や考え方があります。気候変動による将来の損害と現在の対策とを比較した，「気候変動の経済学」いわゆるスターン報告（2006年；環境省HPにて閲覧可能）は，そのような立場をとっています。

ただし，ゼロ割引率を採用すれば問題は解決するというわけではありません。例えば，先の例で，50年後に1000億の損失が生じるとして，現在時点での対策費用が999億円かかるとすれば，その対策は行うべきという結論になるかもしれません。ただし，その場合，現在世代はほとんど対策による恩恵を受けないままに，999億という負担をすることになります。

このように，長期のプロジェクトの評価に際して，ゼロないしきわめて低い社会的割引率をすべきということに関しては，一方で，現代世代への過度な負担を招くおそれもあるとの批判もあり，議論がなされています。この点については，さらなる研究の進展が望まれます。

4.3 本章のまとめ

開発プロジェクトを行うかどうかの判断に際しては，これまで費用便益分析が行われてきました。大規模なプロジェクトでは通常，長期の期間にわたって費用・便益が発生しますので，それを社会的割引率で割り引いて具体的な数値を算定します。その際，以前は，そのプロジェクトによって，何らかの環境上の費用が発生すると見込まれる場合は，便益の部分からそれを差し引くという作業が十分に行われず，それが過大な開発を引き起こす要因になっていたという面があります。

そのため，現在では，プロジェクトのもたらす便益を算出する場合，環境上の費用が発生する場合はそれを差し引くか，そもそも環境上の費用が発生しないようにプロジェクトを計画する必要があります。これが開発における意思決定における重要な要素となります。ただし，単純に便益が費用を上回るとしても，実際に便益を受ける人と環境上の何らかの費用をこうむる人との間の公平性が自動的に担保されるということではないことに注意する必要があります。また，プロジェクトが長期にわたる場合は，どのような社会的割引率を適用するかということが，意思決定に大きく影響してきます。特に気候変動問題のように，対策の費用が発生するときとその成果が表れるのに数十年の時間的ずれが見込まれる場合などは，適切な社会的割引率を適用しないと，将来世代との間での公平性が損なわれる可能性があります。

練習問題

4.1　日本の過去の大規模開発プロジェクトで，環境コストも含めた費用便益分析の観点から，必ずしも適切ではなかったと思われる事例について考えてみましょう。また，そのような事例は，本来どのような配慮を行うべきだったかについても考えてみましょう。

4.2　気候変動対策など長期にわたるプロジェクトの適否を考える際に，どのような社会的割引率を用いるべきかについては，現在でも論争があります。できる範囲でその内容を調べ，自分の考えを整理してみましょう。

コラム　2052年の予測，ヨルゲン・ランダースの懸念

『2052』という本が2012年に出版されました（邦訳（日経BP社，2013年）では「今後40年のグローバル予測」という副題がつけられています）。著者はBIノルウェービジネススクールのヨルゲン・ランダース教授で，1972年に出版された『成長の限界』の4人の著者の一人でもあります。

副題にもあるように，この本は，1972年の本の出版後の40年間の実際の世界の環境，資源問題の動きやその対応の実態を踏まえ，ランダースが，改めて2012年からの今後40年間の環境と経済についての未来予測を行ったものです。その予測に際しては，あえて異なった見解を持つ人々の意見も参考にしつつそれぞれのパートがまとめられています。

その内容を私なりにごくごく簡単にまとめると以下のとおりです。

① 世界中で今後ますます都市化が進み，自然保護が疎かにされる。生物多様性は損なわれる。
② 気温上昇，海面上昇，再生可能エネルギーの使用比率はいずれも増大を続ける。世界のCO_2の排出量は2030年に，また，エネルギーの使用量は2042年にピークを迎える。
③ 資源と気候の問題は2052年までは壊滅的レベルには達しない。しかし21世紀半ば以降，気候変動は歯止めが利かなくなり世界は大いに苦しむ。
④ 食料生産は2040年頃ピークになり，その後減少。気候変動による被害，生態系の損失，社会の不平等などの問題を解決するためにGDPの投資を増やす必要に迫られる。
⑤ しかしながら，資本主義と民主主義は短期利益志向が強く，長期的な利益のための投資の合意が遅れがちになり，対応は後手にまわる。

ランダースは，最後に，「20の個人的アドバイス」を書いています。そのうちの一つに「子どもたちに無垢の自然を愛することを教えない」という項目があります。これは無垢の自然が次第になくなっていくこれからの世界において，それを教えることは，子どもたちを苦しめるだけだから，という理由です。なんと切なく怖いアドバイスでしょうか。

この本に限らず，私たちの社会の未来を予測する書物はたくさんあります。その中には，インターネット技術や再生可能エネルギーの急速な普及等を事例に，未来は明るいとするものもあります。私自身も，現在の状況はまだ変えうるし，人類はまだまだ希望を捨ててはいけないと考えています。しかしながら，現実の世界は多くの人々のさまざまな経済活動によって将来が形づくられています。その意味で，⑤で書かれている「資本主義と民主主義は短期利益志向が強く，長期的な利益のための投資の合意が遅れがちになり，対応は後手にまわる」という予測を私たちは深刻に受け止め，何とかそれに対応する仕組みを作る必要があると思います。

第 5 章

市場機能に着目した環境管理

この章では，市場機能に着目した環境管理手法を中心に，環境問題への対処のための経済的手法について紹介します。いずれの手法も環境問題を市場の失敗として捉え，それをどうすれば是正できるかという観点から生み出され，現実世界に適用されてきたという歴史を持っています。

○ *KEY WORDS* ○

所有権アプローチ，コースの定理，
企業への環境税課税，企業の限界削減費用曲線，
限界削減費用の均等化，最適汚染水準，ピグー税，
ボーモル・オーツ税，排出量取引制度，キャップ，
クレジット，公共的意思決定，排出量の配分，
オークション，固定価格買取制度，FIT，
デポジット制度，補助金，税制優遇，
汚染者負担の原則

5.1 コースの定理

市場機能に着目した環境管理の個別の手法について見る前に，市場というものの機能について改めて復習してみましょう。

一般的には，第1章1.2節で述べたように市場の失敗事例については，市場にすべてを任せておくのではなく政府の介入が必要とされます。しかし，コース（Ronald H. Coase：1910–2013）という経済学者は，所有権や損害賠償などの社会のルールがしっかりと確立していれば，環境問題のような事例についても，政府が介入しなくとも，市場における取引を通じて資源配分は最適な結果となるということを示しました。これは所有権アプローチと呼ばれ，コースの定理として知られています。

コースの定理の例

これを日照権や開発権などのルールのもとで，実際に検証してみましょう。ここでは，ある一戸建ての住宅の前にマンションが建てられるケースを想定します。まず，日照権が確立している場合に，当事者同士がお互いの利益を最大化するという前提で，戸建ての住民とその南側にマンションを建てようとするマンション業者とが，個別交渉に臨む場合の帰結を考えてみましょう。その前提として，図5.1のような利益がお互いにあると仮定します。

この場合，日照権が確立していますので，マンション業者は，一戸建ての家の南側で日照を遮るようなマンションは建てられません。そのため，交渉は，マンションを建てさせてもらうために，住民に補償金を支払うという形で行われます。この場合，図の B_1 から B_8 は，建物の高さを増すごとに追加的に得られる業者の利益を表すものとします。また，図の D_1 から D_8 は，建物の高さに応じた日照障害による住民の損害を貨幣で表したものとします。

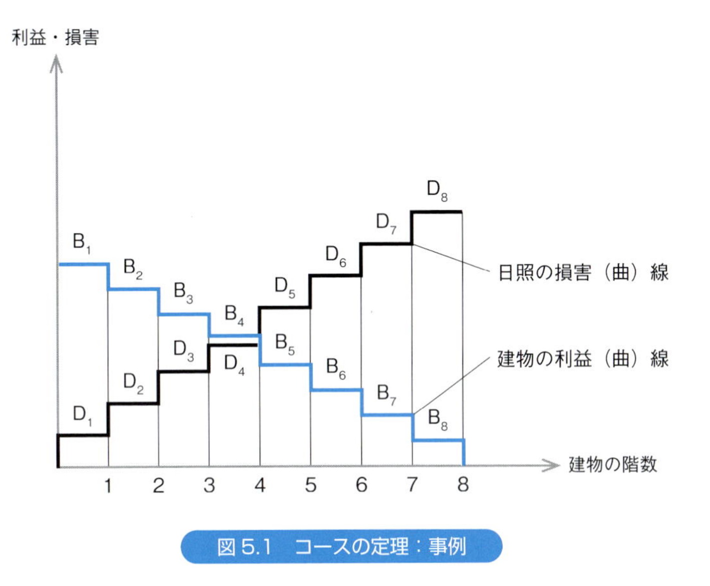

図 5.1　コースの定理：事例

さて，交渉は，この図の左側からはじまります。業者はまずは1階建ての建物を建てることを受け入れてもらう代わりに住民の日照障害による損害分の D_1 の補償金を支払うことを提案します。業者にとっては，B_1 という利益がありますので，補償金を支払っても十分利益が残りますし，住民としても損害分がきちんと補償金として支払われるならと納得してこの交渉は成立します。それではと，業者は次々と建物の階数を高くする提案をし，そのたびごとに，補償金の上積みを提案します。この交渉は，4階建てにするところまでは成立しますが，5階建ての交渉は成立しないと考えられます。なぜなら，5階建ての提案をするには業者は D_5 の補償金を提示しなければならないのですが，これでは5階建てにすることで追加的に得られる利益である B_5 を上回る金額になってしまうからです。

次に，開発権が確立しているケースを想定してみましょう。このケースでは，戸建て住宅の南側にマンションを建てることができますので，今度は，住民の方が，建物の高さを低くしてもらうために，業者に補償金を支払うという交渉をすることになります。そこで，まずは当初計画されている8階建ての建物を7階に低くしてもらうため，業者が8階建てにすることで追加的に得られる利益である B_8 に相当する補償金の支払いを提案します。住民にとっては，8階建ての建物による損害は D_8 に相当しますので，補償金を支払ってもそれから得られる損害回避の利益が十分あり，業者にとっても，利益が減る分がきちんと補償されるということで，交渉が成立します。同様に，6階，5階と交渉は進みますが，4階建てを過ぎて3階建てにすることについては，交渉は成立しません。なぜなら，住民は，3階建てにする場合の補償金 B_4 を業者に支払わなければならないのですが，それで得られる損害の回避額は D_4 となり，損をしてしまうからです。結果として，開発権があるケースでも当事者間の交渉で建物の高さは4階になります。

コースの定理の意義と問題点

コースの定理は，市場が機能するための法的なルールの重要性を私たちに改めて認識させてくれたこと，また，そのような形で市場が機能すれば，政府の介入を最小限にとどめられる可能性があることを示しています。

しかしながら，この定理が成り立つためには，外部不経済の発生者あるいは受け手が，ともに少数で，情報が共有されている場合に限られ，通常では取引費用や交渉費用など，合意に達する費用が高くなってしまうことが指摘されています。また，前記のケースでいえば，交渉によって得られる4階建てという結論は同じであるものの，日照権が保障されている場合は，住民が補償金を受け取り，開発権が保障されている場合は業者が補償金を受け取ることとなり，所得分配という観点からは大きな違いがあります。これは，日照というものをどう考えるかという公平性や，社会的公正の観点からは問題があるといわざるを得ず，市場の機能が働く際の社会の法的なルールを抜きにしては，コースの定理の妥当性を論ずることはできないということに留意する必要があります。

5.2　環境税とその機能

環境経済学というと環境税がすぐ連想されるように，環境税は環境経済学における代表的な政策手段となっています。まずは，環境税が，なぜ政策として機能するのか，また，どのような合理性があるかを図 5.2 に即して見てみましょう。

企業への環境税課税の分析

ここでは，ある企業が二酸化炭素などの環境負荷物質を排出しており，それを削減する費用がわかっているケースを想定します。図では現在，7 単位の環境負荷物質を排出しており，それを 6 単位に削減するには 2 単位の金額を要し，それを 5 単位に削減するにはさらに 3 単位の金額を要し，それを続けていくと，最後排出を 1 単位からゼロとするには追加的に 40 単位の金額を要するものとします。

ここで，その排出を抑制するために，企業に対して，環境負荷物質の排出 1 単位に対して 13 単位の金額の環境税を課したとき，この企業はどのような行動をとるでしょうか。

環境税を課されたのち，この企業が何も行動を起こさなければ，企業は 7 単位の排出がありますので，7×13 で 91 単位の環境税を支払わなければなりません。しかし，2 単位の削減費用を支払って，7 単位の排出量を 6 単位の排出量に削減すれば，13 単位の環境税を支払わなくてすみますので，差し引き 11 単位の利益が生じます。同様に続けて 3 単位まで削減することで，

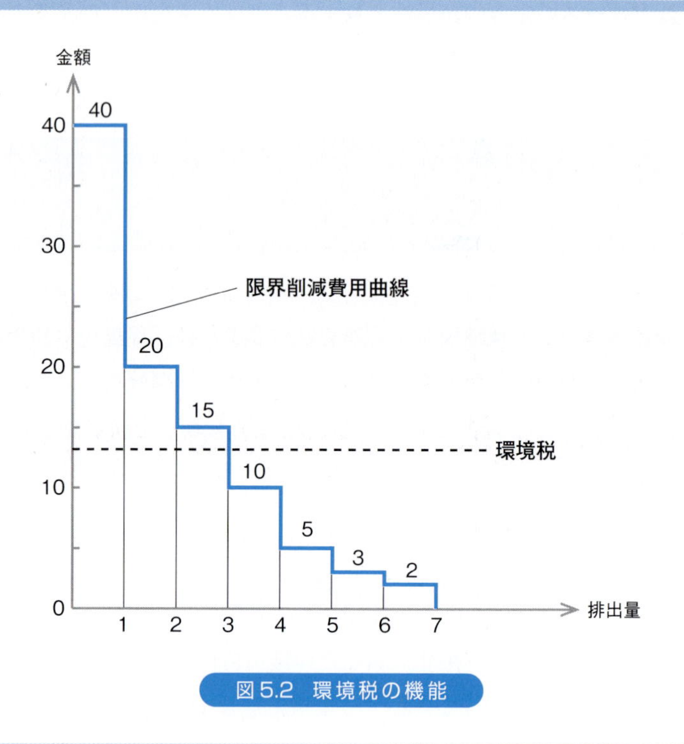

図5.2　環境税の機能

合計で32単位の利益が出ます。

しかしながら，2単位にまで削減しようとすると，そのための追加的な費用は15単位かかるのに対して，新たに支払わなくてすむ環境税は13単位に過ぎませんので，逆に2単位の損になってしまいます。そのため，この企業は，13単位の環境税が課せられた場合，最終的に3単位までの削減を行うことが最も合理的な行動になるのです。

このような階段状の変化を線で表すと右下がりの曲線になります。これを，企業の限界削減費用曲線といいます。

○ 限界削減費用の均等化

さて，実際の社会には，全く同じような限界削減費用曲線を持つ企業はむしろ少なく，さまざまな限界削減費用曲線を持つ企業が存在しているものと考えられます。また，排出量についても，さまざまな排出量であると考えられます。これを図 5.3 に即して見てみましょう。

ここでは，単純化して，企業①と企業②という 2 つの企業がそれぞれ異なる限界削減費用曲線を持っているケースを想定します。ここで，それぞれの企業に対して，一律の排出削減を求める場合と，ある金額の環境税を課す場合，それぞれの企業がどのような費用負担になるかを見てみましょう。

まず，企業①が単純に排出量を半減させるのに必要な費用は，図 5.3 の FBD となります。一方，企業②が同様に排出量を半減させるのに必要な費

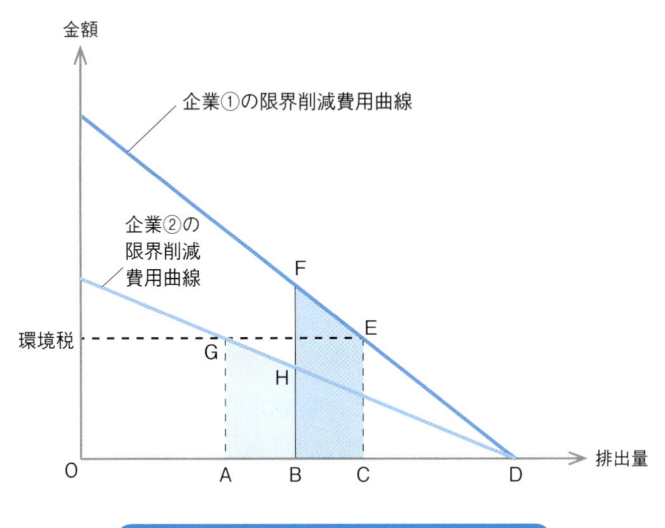

図 5.3　限界削減費用が異なる 2 企業の例

用は，HBD となります。したがって，社会全体では，FBD＋HBD となります。次に，図のような環境税を課した場合を考えます。環境税の水準は，AB＝BC となる水準とします。先に説明したように，この場合は，企業①は環境税と自社の限界削減費用曲線が交わる E のところまで排出量を削減することが最も合理的な行動となります。一方で，企業②にとっては，同様に G のところまで排出量を削減することが最も合理的な行動となります。そのときの企業①の削減費用は ECD，企業②の削減費用は GAD となります。

環境税の導入により，企業①の削減費用は FBD から ECD へと減少します。一方，企業②の削減費用は，HBD から GAD へと増加します。ただし，全体を見ると，費用の削減分は FBCE であるのに対し，費用の増加分は，GABH ですので，明らかに削減分が増加分を上回ります。他方で，汚染物質の排出は AB＝BC ですので，汚染物質の排出量は一律に半減させた場合と同じになります。そのため，同じ排出量の削減という効果を得るのに，環境税を課した方が社会的な費用が少なくてすむので，合理的であると判断されるのです。

このような結果がなぜ得られたかというと，一律削減の場合は，企業①と企業②の最終的な限界削減費用がそれぞれ異なっているのに対して，環境税を課した場合は，企業①と企業②の限界削減費用が環境税の水準と一致しており，同じ費用となることが大きなポイントです。これは感覚的にいうと，より安い費用で削減できる企業はより高い費用で削減できる企業よりも，より多く削減することで，社会全体の削減費用を抑えるといってもいいかと思います。これは経済学全般でもいえることで，これを限界削減費用の均等化といいます。

なお，図 5.3 では，単純化のため，企業①と企業②の排出量を同じとしましたが，それぞれの排出量が異なる場合でも，環境税を導入した方が一律の削減よりも合計の削減費用が少なくなります。自分でそのような図を作って確認してみてください。

ただし，注意しなければならないのは，この場合，企業にとっては，一律削減の場合よりも余計に費用を負担しなければならないケースも出てくることです。また，いずれにしても環境税の負担分は企業の新たな支出となるのですが，その分の税収は政府によって有用に使われるという前提で社会全体としては相殺されるとされていることです。社会全体としては，そのような考え方は成り立つとしても，実際に課税される企業にとっては，新たな負担ですので，環境税の創設を行う場合は，常にこの負担感があり，反対の声が多くなるということがあります（章末のコラム参照）。したがって，環境税を導入する場合は，そのような政策に対する国民的な理解と合意が必要となるのです。

5.3 ピグー税

さて，環境税をかけると，それに応じて企業の汚染物質排出などに関する行動が変化し，その結果，社会全体としてより少ない費用で汚染物質の削減がなされるということを見てきました。先の例では，汚染物質の排出を半減させるということを環境税の導入の前提としていましたが，実際の政策では，どのレベルの課税を行い，どのレベルの汚染の削減をするのが合理的かという判断をする必要があります。

その際，もし，汚染による限界損害曲線が予めわかっており，また，汚染削減の限界削減費用曲線がわかっているとすれば図 5.4 において，2 つの曲線が交わっている点が最適汚染水準と考えることができます。

その理由は以下のとおりです。まず，汚染がゼロの点では限界削減費用がきわめて高くなるので，汚染水準を 1 単位増やすことによりその分の削減費用が減少するのに対して限界損害額の増加分はそれほど大きくならないので，社会全体としては差し引きプラスが得られます。

同様に 1 単位ずつ汚染水準を増やしていくと，限界削減費用曲線と限界損

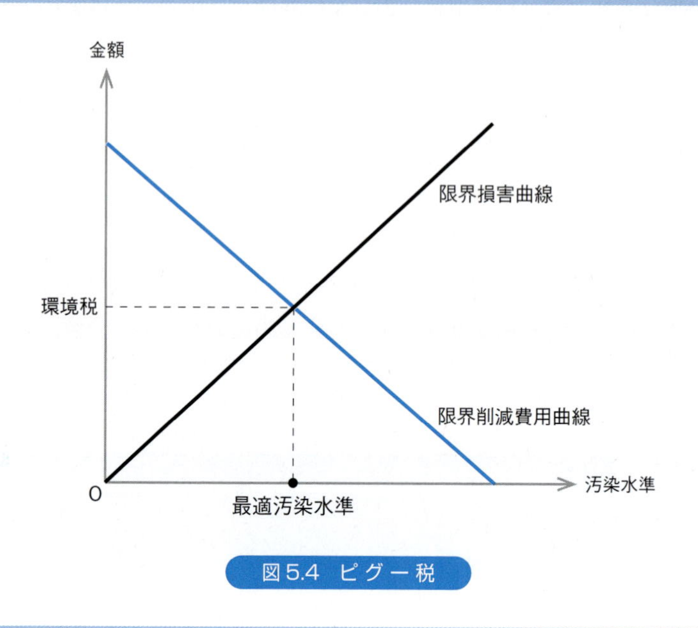

図 5.4 ピグー税

害曲線が交わるところまでは，社会全体の追加的なプラスが得られるのですが，その水準を超えて汚染が進むと，それにより得られる削減費用の減少が損害の回避額を下回ってしまい，社会全体の追加的なプラス分が逆にマイナスになってしまうからです。これは，汚染水準がきわめて高いところから出発し1単位ずつ汚染水準を削減させていった場合も同様で，両曲線の交点を超えて汚染を削減しようとすると，社会全体ではそれによって得られる損害の回避額よりも削減費用が高くなってしまい，社会全体としては追加的な差し引き分がマイナスとなってしまうことがわかります。

そのため，限界損害曲線と限界削減費用曲線の交点に相当する金額を環境税としてかければ，企業は最適汚染水準まで汚染水準を削減する（または増加させる）ことで，全体として，汚染水準を最適水準に誘導することが可能になります。

このような考え方で課税水準を決める環境税のことを，それを考えた経済学者の名前ピグーをとってピグー税といいます。このような税金のかけ方は理論的にはよくできており，説得力もあるのですが，問題はこの「最適汚染水準」を知るにはその前提として限界損害曲線や限界削減費用曲線が税務の当局者にわかっていることが必要であることです。

実際には，この限界損害曲線を推計することはきわめて難しく，さらにいえば，限界削減費用曲線についても，それが具体的にどのようなものであるかを事前に推計することは容易なことではありません。また，あえてそれを推計するには膨大な情報量が必要で大きな行政コストがかかる可能性が高いといえます。

5.4 ボーモル・オーツ税

ピグー税の問題を踏まえて，上記のような実際上の困難を回避するために考えられたのが，経済学者ボーモル（William J. Baumol：1922–2017）とオーツ（Wallace E. Oates：1937–2015）が提案したボーモル・オーツ税です。

ここでは，最適汚染水準を限界削減費用曲線と限界損害曲線を具体的に推計することをあきらめ，社会の合意に基づき，いわば政治的に汚染の水準を定めるという手法をとります。そして，その汚染水準を実現するべく環境税を課します。ただし，この場合，限界削減費用曲線の形状ははっきりとわかっていませんので，行政当局は，まずは，おおよその見当をつけて課税をします（図 5.5）。

そうすると，多くの企業がそれぞれの限界削減費用と照らし合わせて反応し，最終的に，それらの行動を反映した汚染水準がもたらされます。もちろん，最初の見当が当たって結果的に最初に定めた汚染水準になる場合もあるかもしれませんが，多くの場合，その目標よりも少なく削減されたり，逆に

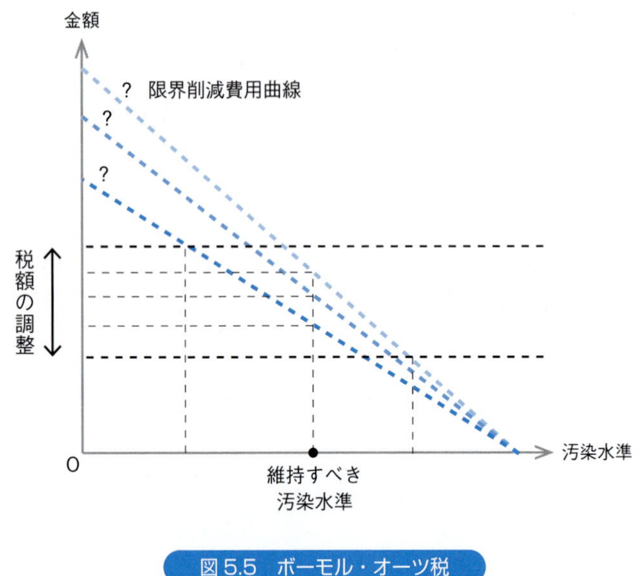

図 5.5　ボーモル・オーツ税

多く削減されたりする可能性が高いものと思われます。

そのため，行政当局は，その結果を見て，目標の汚染水準よりも汚染水準が高かった場合は環境税を上げ，汚染水準が低かった場合は環境税を下げるという試行錯誤を繰り返せば，最終的に目標水準に近づくことになります。

そのような特長のあるボーモル・オーツ税ですが，この方式は，理論的には正しくても，現実の社会でやることはかなり難しいと思われます。税金というものは，消費税の増税でもわかるように，税率を上げ下げするのは政治的になかなか難しいという面があるためです。また，一般的にこのような環境税の場合，エネルギーなど課税ベースが大きい税目については，目標汚染水準を達成できるような高い水準の課税を行うことが困難なことから，課税による環境負荷低減効果をあきらめ，低い水準の課税にとどめてその税収効果のみを期待するという結果になりがちです。

ただし，現実には正確な推計が難しい限界損害曲線や限界削減費用曲線の形状を明らかにしなくても，環境税の持つ限界費用均等化の機能により，直接規制に比べてより高い費用対効果のある手法としてのメリットを利用することができるという意味で，ボーモル・オーツ税はそれなりに意義のある手法であるといえます。

コラム 温室効果ガスの削減で儲かる？

5.2 節で述べてきたように，環境経済学で温室効果ガスなどの環境負荷物質の削減問題を扱うとき，よく限界削減費用曲線という概念を使います。先の図 5.2 から 5.5 のように，削減費用を縦軸に，また削減量をある地点から左の方向に横軸を設定した場合は，左肩上がりの直線で表されます。これは，環境負荷物質を 1 単位削減するごとに，その費用が高くなる，すなわち削減が進めば進むほど費用が高くなることを意味しています。

ただし，図 5.6 のように，削減量を左から右の方向に横軸をとった場合，限界削減費用曲線は右肩上がりになりますので注意してください。

実は，筆者が実際の企業の温室効果ガスの削減行動をもとに，実証的な研究を行っていた際に，はじめは温室効果ガスの削減は，1 単位でも削減すると費用が生じ，しかもその削減が進めば進むほど費用が高くなるという想定のもとで費用関数を作り，それと実際のデータを突き合わせてみたのですが，どうしてもうまく相関がとれなかったのです。この場合，費用関数は，ゼロからはじまって，次第に傾きが急になっていく曲線で表されます。

その原因をあれこれ考えた末にたどり着いた結論は，実際には，削減費用は最初の 1 単位から生ずるのではなく，最初のうちは，削減費用はマイナス，すなわち費用がかかるのではなく，むしろ利益が出るということではないかということでした。例えば，企業にとっては，最初のうちは，コジェネレーションや高効率ボイラーなどの省エネ設備を導入することより，燃料費などの大幅な節約分を差し引いた実質的な削減費用はマイナスとなる事例が見受けられました。ただし，そのような状況はいつまでも続くわけではなく，そのような状況からさらに削減をしようと思うと，燃料などの節約分よりも投資の費用の方が高くなるなど，それ以前よりも高いコストがかかる削減手段を選ばざるを得なくなり，次第に削減費用はプラスとなっていくというわけです。

そのような考察のもと，新たに作った費用関数が図 5.6 に表されたものです。すなわち，削減に伴って直ちに費用が発生するのではなく，一度は限界削減費用がマイナスになり，その後それがプラスに転ずるという，下に凸の二次曲線です。これを実際に企業から集めたデータと突き合わせたところ，高い相関が得られたのです。

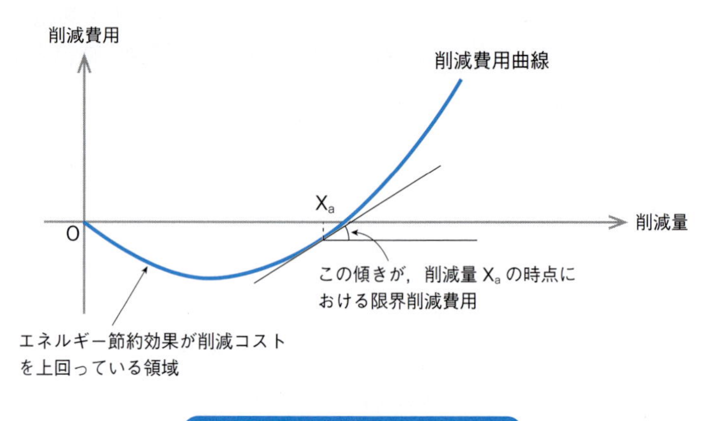

図 5.6　削減費用関数の概念図

このように，温室効果ガスの限界削減費用が最初のうちはマイナスで次第にプラスになるということは，欧州の企業の例でも見られます。例えば，欧州における大手の熱・電気供給企業であるバッテンフォール社から 2007 年に出された「バッテンフォールの 2030 年の気候変動マップ」においてそのような限界削減費用の例が示されています。

このことは，温室効果ガスの削減＝費用増で負担になる，という状況だけではなく，むしろ儲かる領域があるということを意味しています。さらにいえば，技術やビジネスモデルがダイナミックに変化をしていく社会では，その費用関数自体がさらにそのような領域を増やしていく可能性があることも考えられます。
　もとより，実際の限界削減費用曲線を現実社会のデータから推計する作業は容易ではなく，それを実証していくにはさらなる研究が必要ですが，理論モデルにおいては時として単純に増加するものとして描かれる限界削減費用が，実際には減ったり増えたりする場合があり，温室効果ガスの削減が企業の儲けにつながる領域があるということは知っておいていただきたいと思います。

5.5　排出量取引制度

排出量取引とは

　次に，環境税と並ぶ主要な政策手段としての排出量取引制度について見てみましょう。この制度は，現在ではEUが行っている気候変動対策のための二酸化炭素削減政策として有名ですが，政策としては，まずEU共通の炭素税を導入しようとして政治的に失敗し，次善の策として炭素税に代わって導入されたという経緯があります。
　排出量取引の概念を最初に提示したのは，クロッカー（Crocker, T. D.）であり，環境政策手段としての排出量取引制度の基本構造を示したのが，デイルズ（Dales, J. H.）というカナダの政治学者であるといわれています。排出量取引とは，二酸化炭素の排出量などについて，まず，ある一定の期間においてある一定の割合の削減義務を課すというところからはじまります。これをキャップといいます。そして，そのキャップの義務を果たすやりかたとして，自ら何らかの削減投資などをしてキャップ分の削減を行うというやりかたのみならず，自らの削減を行わずその不足分を排出権取引市場からクレジットとして購入するというやりかたも認められます。また，自らキャップ

表 5.1　企業のキャップへの対処

キャップ ＝ある一定の期間においてある一定の割合の排出量の削減義務を課す	
排出権取引市場 ⟷	対象企業のキャップへの対処 1 自ら何らかの削減投資などをしてキャップ分の削減を行う
	対象企業のキャップへの対処 2 自ら削減を行わずその不足分を排出権取引市場からクレジットとして購入する
	対象企業のキャップへの対処 3 自らキャップ以上の削減を行い，その過剰分をクレジットとして，排出権取引市場に売り出す

以上の削減を行い，その過剰分をクレジットとして，市場に売り出すこともできます（表 5.1）。

つまり，市場ではクレジットを売りたい者と買いたい者が取引をすることになり，その両者が釣り合ったところでクレジット価格が決定されることになります。これが排出量取引制度です。

○ 排出量取引のイメージ

まずは，そのイメージをつかむために，A 社と B 社の 2 つの企業が排出量取引を行った場合，どうなるかを図 5.7 で考えてみましょう。ここでは，仮に A 社 B 社ともに同量の二酸化炭素を排出しているとします。このとき，まずは二社の排出量を全体で 2 割削減するという政策目標があるとします。そのとき，まずはそれぞれの企業に対して一律に 2 割削減のキャップをかけます。ただし，A 社と B 社は活動内容も違いますので，A 社は 2 割減らすのに 20 万円かかるとします。また，B 社は同様に 2 割減らすのに 10 万円かかるとします。

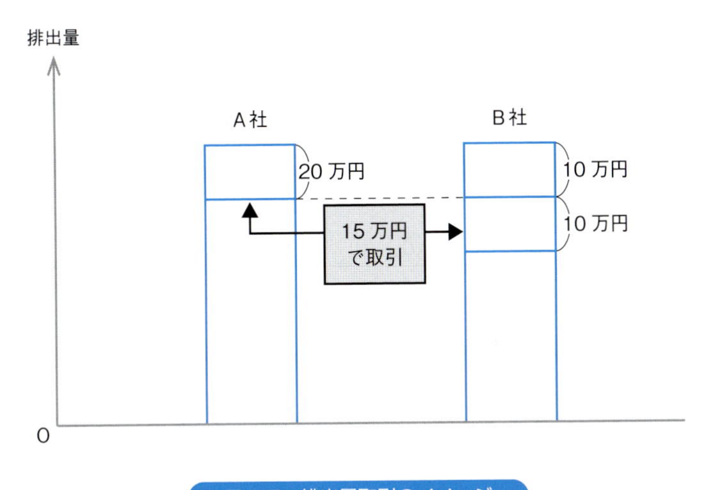

図 5.7　排出量取引のイメージ

その際，それぞれの企業が別々に2割ずつ二酸化炭素を減らすと，A社が20万円，B社が10万円かかり，両社合計で30万円の費用がかかります。このとき，排出量取引を前提にして，A社は全く削減せず，逆にB社がキャップを超えて4割削減する場合，A社の削減費用はゼロでB社の削減費用は20万円になります。

ただし，A社は2割削減の義務を市場からクレジットを買ってくることで果たさなければなりません，そのため，B社がキャップを超えて削減した2割分のクレジットを買うことになります。クレジット価格については，2社の間での交渉になろうかと思いますが，A社にとっては20万円以下であれば自社で削減するよりも費用が少なくてすみ，B社にとってもそれが10万円以上で売れればその分，自社の利益になります。

例えば，協議の結果2割分のクレジットが15万円で取引されるとすれば，最終的に，A社は15万円で2割削減の義務を果たし，B社は5万円で2割削減の義務を果たすことになり，両社合わせての排出量の2割削減のための費用は合計で20万円となります。これは，両社がそれぞれ2割削減した場合の合計金額30万円よりも10万円安くなり，それぞれの社も当初より5万円ずつ費用の節約ができることがわかります。

クレジット価格の決定

前記の例では，クレジット価格が両社の交渉で決まることになりますが，実際に多くの企業が参加する市場では，まさに市場メカニズムにより，売りと買いの数量が一致したところでクレジット価格が決定します。それを図5.8で確かめてみましょう。

単純化のため，企業①と企業②がそれぞれ異なる限界削減費用曲線を持っている状況を想定します。ここで，全体の排出量を半減させるとの方針のもと，それぞれの企業にも排出量半減のキャップがかかったものとします。そのとき，それぞれの企業はクレジットの市場価格を見ながら自らの行動を決めることになります。

基本的には，クレジット価格の水準と自分の限界削減費用曲線が交わったところまで排出量を減らし，その量が半減のキャップに達しないときはその分のクレジットを市場から購入するのが最も利益を確保する行動となります。逆に，その量が半減のキャップを超えて削減された場合は，その分のクレジットを市場に売ることが，最も利益を確保できる行動となります。

このとき，市場では，クレジットの売りと買いが一致するところでクレジット価格が決まりますので，企業①と企業②はその価格を見ながら，どこまでを自分で排出を減らし，どこまでをクレジットの売り，または買いとするかということを判断することとなります。そのような市場での調整により，最終的には，図5.8のような均衡に達することになります。

その状況においては，企業①が購入するクレジットの量と企業②が売却するクレジットの量が同量となり，排出単位当たりのクレジット価格は等しく

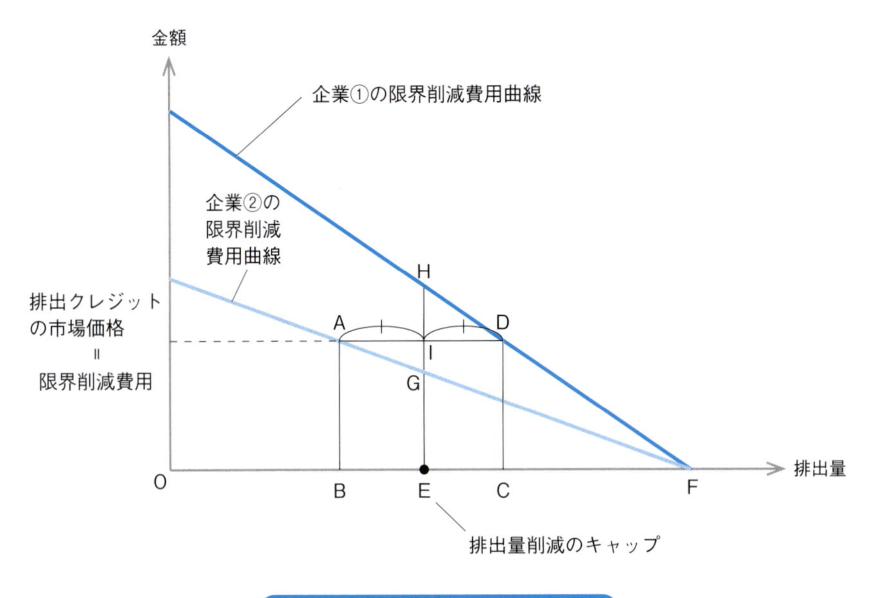

図 5.8　排出量取引制度のモデル

なります。図に即して見ると，企業①が負担する総費用は，DCF＋IECD となり，企業②が負担する総費用は，ABF－ABEI となります。これは，それぞれの企業が個別に半減させる場合の費用である HEF＋GEF と比べると明らかに少なく，かつそれぞれの企業にとってもより費用が少なくなることがわかります。したがって，排出量取引制度は，ある一定の排出削減などを達成する観点からは理論的に見ても，それがないときよりも誰にとっても利益となる合理的な政策手段になりえるのです。

また，排出量取引制度の基本構造を示したデイルズは，直接規制や課徴金といった政策手段と比較して，排出量取引は行政費用が大きく節約されることを述べています。確かに，政府がある汚染物質について排出しうる総量を定めさえすれば，各排出源に対する排出量をどのように割り当てたとしても，市場が理想的に機能すれば，排出クレジットの取引を通じていわば自動的に限界削減費用が均等化され，費用効率的に全体的な排出目標が達成されることになるからです。その際，政府は各企業の限界削減費用曲線にかかる詳細な情報を調べる必要はありません。

その意味では，排出量取引制度は，環境目標がどの水準に設定されるべきかは，最適な資源配分という基準で決められるのではなく，公共的意思決定に委ねられるべきであるという考え方に基づいているということができます。

排出量の配分とオークション

排出量取引制度においては，ある環境汚染物質の排出総量を定めるところから出発し，設定された排出目標値を費用効率的に達成することができます。その際，最初に定めた排出総量をどのように各排出源に配分するかが問題となります。

配分の仕方は大きく分けて，無償の場合と有償の場合があります。無償の場合は政策当局が，各企業の過去の実績等と考慮して各排出源に政策的に割り当てる必要があります。また，有償の場合は，通常オークションにより配分されることになります。この両者を比較すると，有償オークション方式の方が，より合理的な配分ができるという側面があるのですが，一方で企業にとっては負担が大きくなるため，無償配分の方が好ましいという側面があります。ただし，無償配分の場合は，全体としてはどのように配分しようとも限界削減費用は均等化するものの，個々の企業や業界間では，配分の仕方によって利害関係が生じるという難しい面があります。

排出量取引制度の特長

図 5.9 は，国内市場で排出量取引を行う「国内排出量取引」を説明した環境省の資料で，従来の対策である直接規制や業界の自主的な取組に比べて

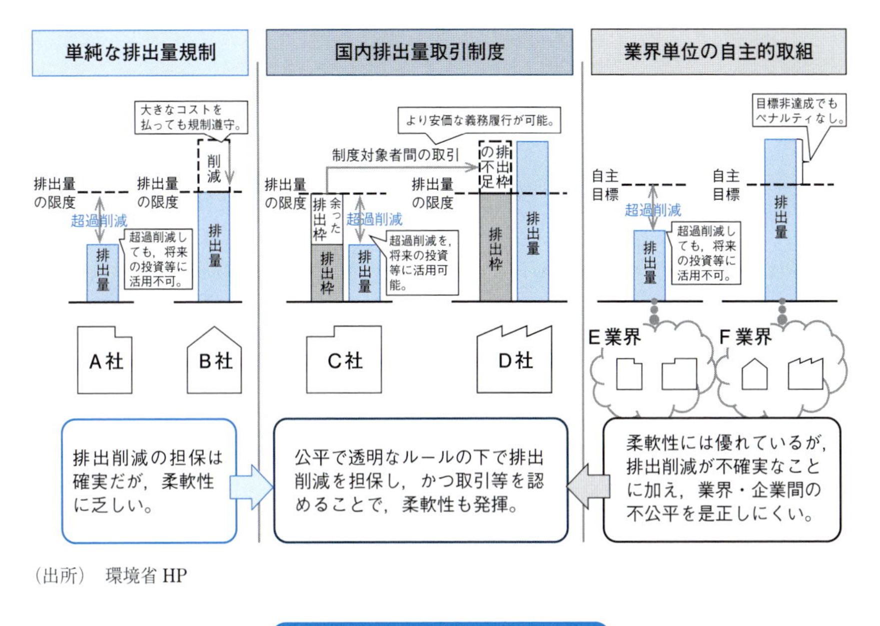

（出所） 環境省 HP

図 5.9 国内排出量取引の特長

排出量取引制度が優れている点を簡潔に示したものです（第９章では国際市場における排出量取引を紹介します）。

単純な排出量規制では，排出削減は確実になされますが，柔軟性に乏しいことが問題となります。また，業界の自主的な取組は，柔軟性には優れているものの排出削減が不確実なこと，また，業界・企業間不公平を是正しにくいことが問題となります。さらに，ここには明示されていませんが，これまで述べてきたように単純な排出量規制や業界単位の自主的取組に比べて，排出量取引制度は，経済学的な観点から見ると，排出にかかる限界削減費用の均等化を通じて，社会全体で見ると最も少ない費用で削減が可能となるという大きなメリットがあります。

5.6 固定価格買取制度

固定価格買取制度とは

近年，環境経済学の政策手法の一つとして，固定価格買取制度（Feed-in Tariff：FIT）が急速に世界各国に広がっています。まずは，その仕組みについて見てみましょう。

本制度は，風力発電や太陽光発電などの再生可能エネルギーの開発・普及を進めるための手段として用いられてきたもので，国レベルで本格的に導入されたのは，2000年代はじめのドイツであるといわれています。主な仕組みとしては，まず，太陽光などの再生可能エネルギーで発電した電気を，既存の電力会社が買い取る義務が課されます。しかも，その買取価格は，通常の電力価格よりも高く設定され，かつ10年ないしは20年間その買取価格が固定されることで，その再生可能エネルギー施設への投資額を回収できる水準になっています（図5.10）。

そのため，再生可能エネルギーへの投資が投資家にとって魅力的なものとなり，急速に拡大することになります。一方，その通常の電力価格よりも高く設定された分の費用は，一般の電力消費者の電力価格に広く上乗せされます。そのため，一般の電力価格はそれ以前に比べて高くなります。

さらに，再生可能エネルギーの生産・普及が進んでくると市場における競争が生まれ，技術の進展やコストの低減などが促されます。そのため，再生可能エネルギーの買取価格は，定期的に見直され，投資が維持される水準まで引き下げられることになります。さらに，再生可能エネルギーの普及目標が達成されたり，再生可能エネルギーのコストの低減によって，固定価格による買取をしなくても他の電源との競争力がついた場合は，その時点でこの制度の見直しや廃止が行われることになります。

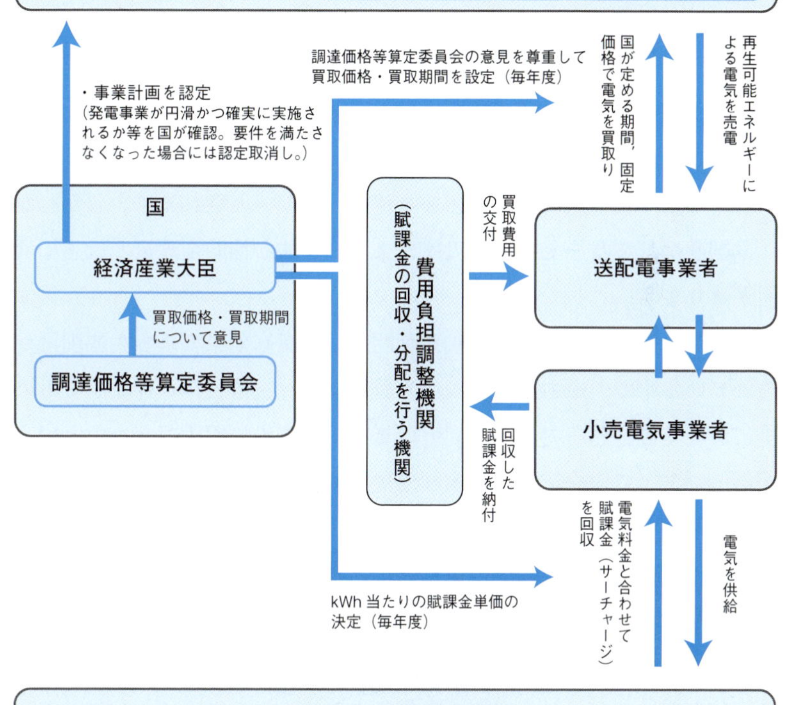

（出所）資源エネルギー庁「再生可能エネルギー事業支援ガイドブック」

図 5.10　日本における固定価格買取制度の基本的仕組み

なお，具体的な制度設計については，国によって違いが見られます。例えば，一般家庭の太陽光パネルによる発電の固定価格買取の対象となる電力については，ドイツでは全量買取ですが，日本では自家消費分を差し引いた余剰電力がその対象となります。また，風力発電などの場合，ドイツでは最寄りの送電線までの接続費用で優先接続と優先使用がなされますが，日本では，さらに最寄りの変電所までの接続費用が設置者の負担となります。

固定価格買取制度の特長

以上のような制度は，経済学的には，産業育成課程等における補助政策といえます。そのため，一般的には，市場経済的にはそれを長期に続けることは，市場の効率性を低めることとなり望ましくないとされます。しかしながら，本制度は，これまでの政府当局による一般的な補助金政策とは若干異なる面があります。

第一に，本制度の背景に，気候変動問題など温室効果ガスの大幅削減が求められている中で，風力発電や太陽光発電など，技術自体は存在するものの，市場において価格競争力が低く，そのままでは市場に参入できないという状況があったことです。第二に，本制度は再生可能エネルギーという新しい技術分野の進展を促進することにより，その技術水準やコストの低減などが見込まれたことです。第三に，再生可能エネルギーは分散型エネルギーであり，既存の大規模電力会社ではなく，きわめて小規模な個人ベースでも発電を行う投資者になることができ，投資の拡大が期待されたことです。第四に，本制度の原資となる費用は，国の一般予算からの支出ではなく，一般の電気の消費者からとる電気料金の上乗せ分で賄われるため，この制度が社会に支持されている限りは，安定的な運用が可能となることです。

事実，日本でもかなり以前から太陽光発電などにかかる発電パネルへの補助金制度などがあったのですが，必ずしも十分な水準や規模を維持することができず，再生可能エネルギーの普及などは進みませんでした。同様の事情は各国でもあったものと思われますが，ドイツにおいて本格的にはじまったこの制度が，きわめて効果を発揮したこともあり，以後，急速に世界に広まったという状況があります。その意味では，大変優れた制度であるといえるのですが，一方で次のような指摘もあります。

第一に，この固定価格は政策当局が定期的に見直しをするのですが，その価格が適切でない場合は，あまりに急速に普及することで技術的な問題が生じたり，逆に技術革新を停滞させたり，普及にブレーキをかけたりする効果をもたらすことがあり，そのあたりの判断がなかなか難しいことです。第二に，この制度により急速に再生エネルギーの普及が進んでくると一般の電力価格が上がり，特に再生可能エネルギー投資の恩恵を受けられない低所得者層に対して不利な影響を与える可能性があることです。第三に，最終的にはエネルギーコストの低減を目指すものの，当面はエネルギー価格の値上がりにより，企業の国際競争力に影響が及びかねないことです。

そのため，ドイツをはじめ本制度を導入した諸国では，上記のような点にも配慮しつつこの制度を運用しています。いずれにしても，本制度は，市場メカニズムを本格的に活用することにより，環境に特段の関心のなかった者に対しても再生可能エネルギーに対する投資をするインセンティブを与えたこと，また，エネルギーの生産・投資は大規模な企業でなければなしえないという常識を覆し，一般の市民であっても自らエネルギーへの投資を行いエネルギーの生産者になることができるという道を開いたという点で，画期的な手法の一つであることは間違いありません。

5.7 デポジット制度

デポジット制度というと，何か外国から新しく入ってきた制度という印象がありますが，日本でもこのような制度は以前から一部の業界で自主的に行われていました。例えば，日本酒やビールなどの使用済みのビンを販売店に持っていくと，なにがしかのビン代を戻してくれるというものです。一般的には，製品価格に一定金額のデポジット（deposit：預託金）を上乗せして

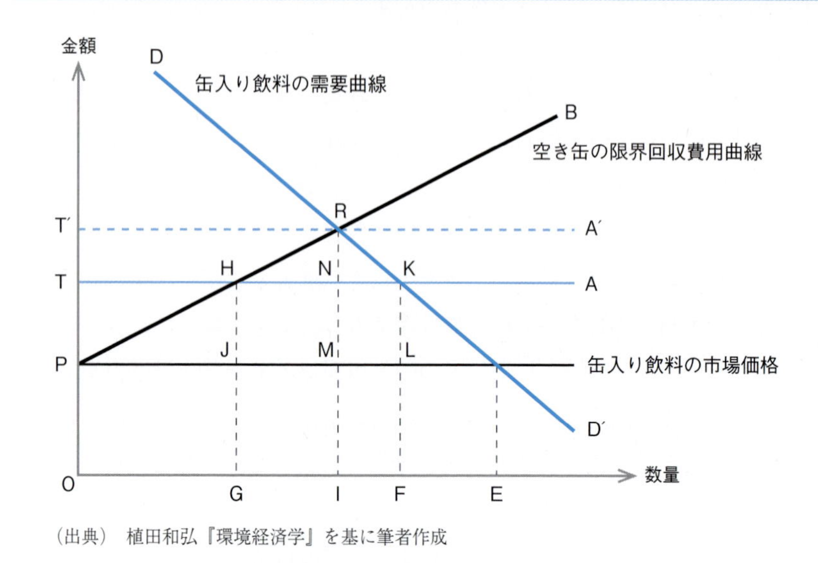

（出典） 植田和弘『環境経済学』を基に筆者作成

図 5.11　デポジット制度の機能

販売し，製品や容器が使用後に返却されたときに預託金を返却することにより，製品や容器の回収を促進する制度であり，預かり金払い戻し制度ともいわれます。

本制度には，大きく分けて，財を供給する主体が自主的に導入する場合（酒ビンなど）と財を市場に供給する主体に対して法律で義務づける場合とがあります。一般的には飲料容器についての適用事例が多いのですが，海外では自動車やバッテリーなどへの適用事例もあります。

デポジット制度がなぜ機能するのかを図 5.11 を用いて見てみましょう。図において OP は缶入り飲料の市場価格，曲線 DD′ は代表的消費者の需要曲線を示しているものとします。

また，PB は空き缶の限界回収費用（販売店まで返す手間）曲線を示しているものとします。ここで，デポジット制度がないときには，消費者は需要曲線と缶入り飲料の価格とが交差する点の数量であるOEの消費をし，かつそれはすべて廃棄物となります。

一方，PT分のデポジット費用が当初の市場価格に上乗せされて販売され，かつそれが販売店に戻されたときはPT分の金額が消費者に返却される制度が導入された場合は，消費者の行動が変わってきます。すなわち，飲料価格が上がるため，消費量はOEからOFに減少します。さらに，OGまでは，空き缶の回収費用よりも戻ってくるデポジット費用の方が高くなるため，消費者はOG分の空き缶を販売店に戻すことになります。その結果残りのGF分は廃棄物となります。もし，デポジット分をPT′まで引き上げれば，消費量と回収量は等しくなり，回収率は100%となります。

以上が，デポジット制度の理論的な説明となりますが，実際には100%の回収率を実現するためのデポジット額の販売時における上乗せはかなりの高額になる可能性もあり，また，100%以下の回収率の場合，払い戻しをしない分のデポジット分をどうするのか，デポジットをしていない地域からの持ち込み分を区別できるのか，あるいはデポジットを実施している地域外での売り上げが増え，実施している地域の売り上げが落ちるのではないかなど，多くの課題があります。そのため，デポジット制度を法律で義務づけて全国レベルで一律に行う場合は別として，条例などで特定の地域や自治体で義務づけて行うことについては，課題が多いとされています。

ただ，デポジット制度は，何らかの環境負荷物質の利用者が，それを廃棄物として廃棄するのではなく，自らメーカー等に返却することで環境中への負荷を明確に減らせるという意味で，有害物や危険物をごみの中に混入させないことが必要とされる分野においては，有用な政策手段の一つであるといわれています。

5.8 補助金・税制優遇

最後に，環境保全に関する一般的な補助金や税制優遇について触れます。一定の条件のもとでは，一定の汚染物質の排出量を削減する際に，排出量1単位当たりの環境税を課しても削減量1単位当たりの補助金を出しても結果は同じであるとされます。図5.12に示したように，企業の限界削減費用と補助金の額とが一致するまでは，自ら費用をかけて削減しても補助金の額の方がそれを上回るのに対し，それを超えると補助金の額よりも削減費用の方が高くなってしまうため，結果的に限界削減費用曲線と補助金額の水準との交点に対応するところで排出量が決まるからです。このようにして，図5.12は環境税の機能を説明した図5.2と同じ形状になります。

企業にとっても消費者にとっても，一般的に税金を取られるよりは補助金をもらう方が受け入れやすいので，特に日本の場合，ややもすれば，環境の分野でも政策の手段として，環境税など経済的な負荷を課する政策手段よりも補助金のような経済的な利益を与える政策手段の方がより多く使われてきました。

ただし，補助金は環境税などと比べるといくつか大きな問題があります。それは，分配の観点からは，補助金が企業などの汚染の排出者に対して利益を与えることになることから，企業の参入と退出が起こりうる長期の市場を考えた場合，結果的に参入を促し環境税の場合に比べて長期的には汚染の排出量を増やしてしまうという場合があることです。

また，行政が具体的な補助金の制度を設計するにあたっては，汚染防止設備など行政が指定した技術や設備を対象とするケースが多く，それ以外の技術が市場において自由に競争できなくなり，結果として最小の費用で汚染物質の削減をすることができない可能性があることです。さらに，そのような技術や設備の多くはエンド・オブ・パイプのような設備の末端で具体的に汚

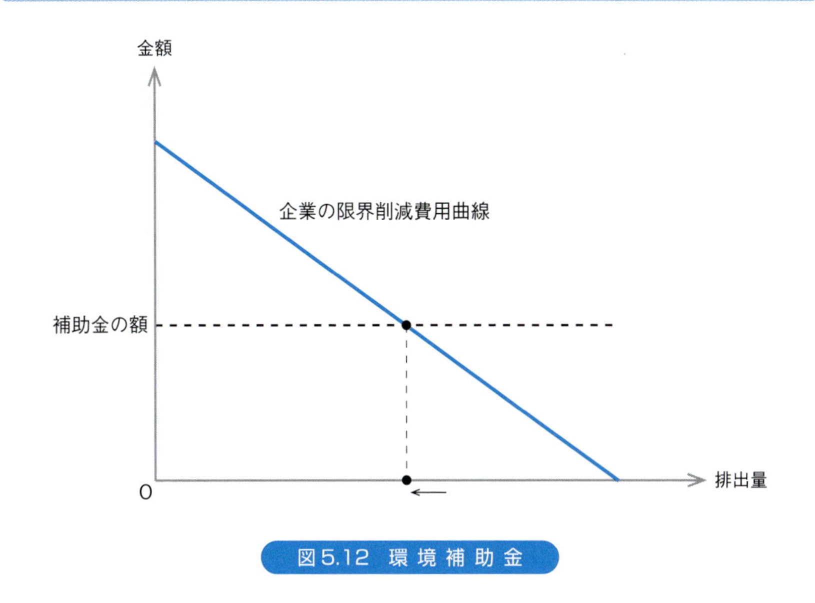

図5.12 環境補助金

染を除去するようなものになりがちで，生産段階で汚染物質を減らすいわゆるクリーナープロダクションのようなものには適用しづらいという面があることです。

これに加えて，環境行政の分野では1972年にOECDが日本を含む加盟各国に勧告した**汚染者負担の原則**（Polluter-Pays Principle：PPP）によって，**原則として公害防止などの環境汚染の防止の分野においては，行政が企業に対して汚染削減のための補助金を出してはいけない**という国際的な取り決めがあることです。この原則は，汚染の防止に対してある国はそれを防止するのに環境税を課し，ある国は補助金を出すというような対応をとると，結果的には製品価格の差が生じ，国際貿易にゆがみが生じるということを防止しようという意図があります。

そのため，補助金に関しては，直接規制などと組み合わせ，一定の期間内に緊急的に対応する必要がある等の例外的なケース以外は，政策としては原則として使ってはならないというのがOECDの立場です。ただし，日本の場合は他国に例を見ない激甚公害を惹起してしまい，多くの公害患者を出してしまったこともあり，公害対策基本法と個別規制法により厳しい直接規制を導入し，確実かつ急速な汚染の低減が必要とされたため，それに対応するための技術や設備の導入に対して一定の期間を区切った補助金や低利融資を行ってきたという歴史的経緯があります。

5.9 本章のまとめ

本章では，環境経済学の中心的な政策手法である，市場の機能を活用した環境管理手法について，その理論的な根拠を明らかにしています。最初にあげたコースの定理では，社会におけるさまざまな法的なルールがきちんと定まっている場合は，たとえ，市場のルールに対する政府の介入がなくても経済学的に最適な結果が導かれる可能性があることを示しました。しかしながら，現実には，このようなやりかたのみで問題は解決しないことから，環境補助金・税制優遇，環境税，排出量取引制度，固定価格買取制度，デポジット制度などが考案されてきました。これらの手法は，政府等が市場への介入を通じて，それぞれ具体的な環境問題を解決していこうとする政策手法です。

ただし，コースの定理を含め，市場の機能を活用した環境管理手法は，社会全体としての合理性はあっても，個人間の公平性などの問題は，それだけでは必ずしも解決しない場合があることは認識しておく必要があります。また，それぞれの手法は一長一短があり，どれか一つを導入すればすべての問題は解決するということではありませんので，その導入にあたっては，それぞれの手法の特徴をよく理解し，政策の選択や組合せを検討する必要があります。

練習問題

5.1 コースの定理について，テキストの例にならって，自分で何らかの環境問題を設定し，一定の条件のもとでは，違ったルールのもとでも結果が同じになることを確かめてみましょう。

5.2 排出量取引制度について，自分で実際に図を描いて排出量取引がない場合とあった場合とで，社会的余剰がどう変わるのかを確かめてみましょう。

5.3 気候変動問題の解決のため二酸化炭素の削減を図る手段として，炭素税を導入するのと，排出量取引制度を導入するのと，どちらが望ましいかを，政府の立場と企業の立場とに分けて，その長所・短所を整理しつつ考察してみましょう。

コラム　環境基本法案第 22 条の攻防

もう 4 半世紀以上も前のことになりますが，1992 年の地球サミット（環境と開発に関する国連会議）を契機に，日本でもそれまでの「公害対策基本法」と「自然環境保全法」を二つの軸とした環境政策の体系を，「環境基本法」という新しい法律に基づく，総合的な体系に衣替えしようという機運が高まりました。

当時はまだ環境庁の時代ですが，庁内に法案の準備室が設置され，地球環境時代に相応しい新しい理念と政策を盛り込んだ基本法案の策定がはじまりました。法案の策定にあたっては，審議会での審議と並行して関係各省庁との協議が行われるのですが，特に，環境税をはじめとする経済的措置の法案における取り扱いがきわめて大きな争点となりました。この当時には，すでに気候変動問題などの地球環境問題は国際的にも大きな課題となっており，それに対処していくためには，公害対策の時代のような，直接規制と補助金政策というような従来型の手法では到底解決できないという認識が霞ケ関でもありました。

しかしながら，そのための有力な政策手段として当時注目されていた環境税や炭素税などの導入については，経団連をはじめとする産業界からきわめて強い反対があり，一方で，研究者や環境NGOなどからは，逆にそのような新たな手法の導入に強い期待が寄せられていました。そのため，それを背景とした環境庁と通産省（当時）の法案折衝はきわめて熾烈なものとなりました。

その結果，最終的に合意されたのが，以下のような環境基本法第22条2項です。

「国は，負荷活動を行う者に対し適正かつ公平な経済的な負担を課すことによりその者が自らその負荷活動に係る環境への負荷の低減に努めることとなるように誘導することを目的とする施策が，環境の保全上の支障を防止するための有効性を期待され，国際的にも推奨されていることにかんがみ，その施策に関し，これに係る措置を講じた場合における環境の保全上の支障の防止に係る効果，我が国の経済に与える影響等を適切に調査し及び研究するとともに，その措置を講ずる必要がある場合には，その措置に係る施策を活用して環境の保全上の支障を防止することについて国民の理解と協力を得るように努めるものとする。この場合において，その措置が地球環境保全のための施策に係るものであるときは，その効果が適切に確保されるようにするため，国際的な連携に配慮するものとする。」

これを読まれた読者の皆様はどのように感じられたでしょうか。一文が長く，いったい国の方針として環境政策の体系に環境税を入れたいのか入れたくないのか，よくわからない条文だという印象を持たれたのではないでしょうか。本来，法律の条文は誰が読んでも明確にその意図がわかるように作成すべきなのですが，本条文については，環境税に反対の者が読むと，環境税を入れるにはなかなかハードルが高いと書いてあると読め，逆に環境税に賛成の者が読むと，それなりの条件をクリアすれば環境税が入るのだなと思われるような表現になっているのです。この条文については，当時のあるマスコミから，玉虫色の条文であり，これぞ霞ケ関文学の粋であると揶揄されました。

第6章

環境税の環境政策への導入

本章からは，前章で解説した環境政策としての税制が，世界各国でどのように実際に導入されてきたのか，その実態について見ていきます。

○ *KEY WORDS* ○

炭素税，二酸化炭素，地球温暖化問題，
温室効果ガス，気候変動問題，IPCC，
国連気候変動枠組条約，生物多様性条約，
エネルギー課税，気候変動税，地球温暖化対策のための税，
二重の配当論，廃棄物対策としての課税

6.1 経済理論から実際の導入

これまで見たように，環境汚染物質の排出を削減する手法として環境税が機能することは，経済学者を中心に知られていたのですが，それを行政当局が実際に導入する事例は必ずしも多くはありませんでした。その理由としては，日本でも外国でも初期の環境汚染というと大気汚染や水質汚濁などの公害問題からはじまったところが多いのですが，その解決手段として環境税はあまり適切ではないと考えられていたことです。特に日本では，水俣病や四日市ぜんそくなど公害による健康被害が多発したこともあり，汚染物質の排出は不法行為であり，その対策は強制的で迅速なものであることが求められました。

そのため，公害対策の基本は，強制力を持つ排出規制と公害防止設備設置のための費用に対する低利融資や補助金などを組み合わせたものとなり，それに対応できない場合は，操業の停止に至りました。経済理論的には，環境税であっても，十分に高い課税を行えば，それぞれの事業者の限界削減費用に応じて汚染物質の削減が行われ，所期の排出削減が実現したものと思われますが，「税金さえ払えば汚染物質を排出してもよいのか」という社会的な抵抗感もあり，当時の世論には受け入れられるものではありませんでした。

しかしながら，このような健康被害をもたらした公害問題が一段落し，誰もが被害者にも加害者にもなりうる，廃棄物などの都市生活型公害や気候変動問題が世界的な問題として広がってくるに至り，環境税を環境政策手段として検討し，実際に導入する事例が出てきました。

それが，1990年代のはじめに北欧諸国で導入がはじまった炭素税（Carbon tax）です。環境税の対象となる汚染負荷物質はさまざまなものがありますが，それに適したものの一つに，次節で述べる気候変動問題の原因物質である二酸化炭素（CO_2）があります。その理由として，二酸化硫黄や二酸化窒素など，従来の公害における大気汚染物質と異なり，二酸化炭素そのものは排出されても直ちに健康被害をもたらすものではないこと，公害防止機器の設置など，付加的な技術対応が容易ではないことなどから，直接規制で直ちに排出規制をかけるという手法が難しいことがあげられます。そのため，二酸化炭素の排出に応じて一定の税を課することにより，それぞれの排出者の限界削減費用に応じた中長期的な排出削減が期待でき，柔軟性のある環境税の機能が環境政策の手法として注目されたのです。

ただし，炭素税を課される産業界にとっては，二酸化炭素の排出そのものは当初汚染物質とは認識されておらず，また，技術的な対応策が確立していない状況のなかで二酸化炭素に課税されることは，費用の増大や生産額の減少につながりかねないという面で大きな抵抗感がありました。そのため，北欧諸国で炭素税が導入された後も，ドイツ，英国などの世界の主要国がそれに追随するまでには若干の年月を要しました。

6.2 気候変動問題とは

地球温暖化問題は，地球上の平均的な気温が20世紀後半から次第に上昇してきたことに端を発しています。もともと，地球上の気温や気候は，太陽から地球にインプットされるエネルギーと，地球から宇宙へアウトプットされるエネルギーのバランスから維持されてきました。ところが，人間活動の増大，なかんずく化石燃料の急激な使用拡大に伴う二酸化炭素をはじめとする温室効果ガス（図 6.1）の大気中への排出増により，大気中に残る熱の割合が高まり，それが気温の上昇とともにさまざまな気候変動をもたらし，そのことが地球上の生態系や経済社会に大きな影響を与えるようになってきました。これが地球温暖化問題であり，より一般的には，気候変動問題と呼ばれています。

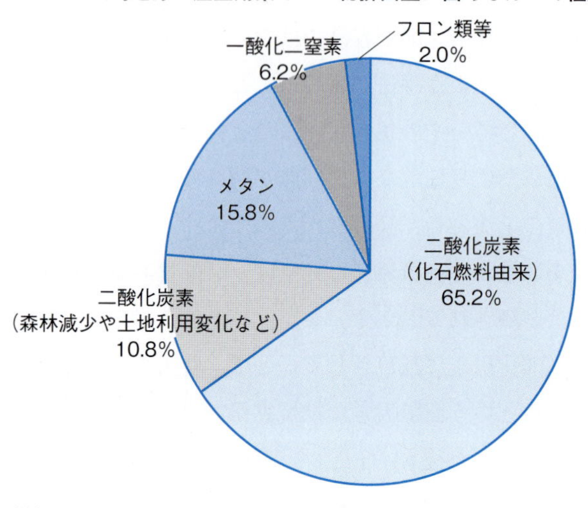

(注) 2010年の二酸化炭素換算量での数値。
(資料)「IPCC 第5次評価報告書」より作図。
(出典) 気象庁 HP

図 6.1 温室効果ガスの種類

この問題が本格的に政治問題化した1990年代頃には，そもそも地球の温暖化は本当に起こっているのか，また，起こっているとしてもそれは本当に人間の活動に由来しているものなのかといった，いわゆる温暖化懐疑論が起こりました。しかしながら，この問題を科学的な観点からレビューしている国連のIPCC（Intergovernmental Panel on Climate Change；気候変動に関する政府間パネル）は，1988年の設立以来これまで数次にわたる気候変動に関する報告書を出しており，それによると気候変動が人間活動によって起こっていることは，今日，ほぼ確実とされています。

ちなみに2013年から2014年にかけて公表されたIPCCの第5次評価報告書（図6.2，表6.1）では，気候システムの温暖化には疑う余地がなく

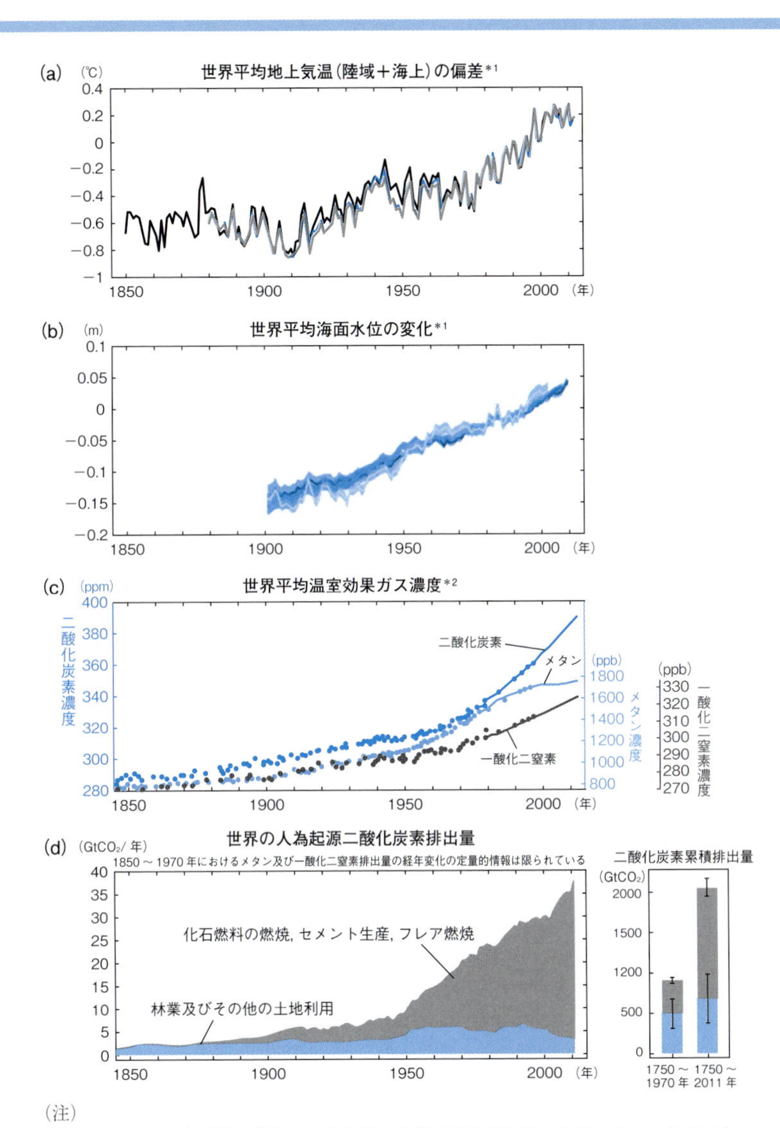

(注)

＊1　1986〜2005年平均を基準とした偏差。各線はそれぞれ異なるデータセットを示す。

＊2　点は氷床コアデータ，線は大気の直接測定を示す。

(出典)　気象庁HP「IPCC第5次評価報告書統合報告書政策決定者向け要約」

図 6.2　地球環境の変化

表 6.1　IPCC 第 5 次評価報告書第 1 作業部会報告書による地球温暖化の現況と今後の見通し

■気候システムに関する観測事実

- 気候システムの温暖化については疑う余地がない。1880〜2012 年において，世界平均地上気温は 0.85（0.65〜1.06）℃上昇しており，最近 30 年の各 10 年間はいずれも，1850 年以降の各々に先立つどの 10 年間よりも高温でありつづけた。
- 1971〜2010 年において，海洋表層（0〜700m）で水温が上昇していることはほぼ確実である。1992〜2005 年において，3,000m から海底までの層で海洋は温暖化した可能性が高い。
- 過去 20 年にわたり，グリーンランド及び南極の氷床の質量は減少しており，氷河はほぼ世界中で縮小し続けている。また，北極域の海氷及び北半球の春季の積雪面積は減少し続けている（高い確信度）。
- 海洋酸性化は pH の減少により定量化される。海面付近の海水の pH は工業化時代の始まり以降 0.1 低下している（高い確信度）。

■温暖化の要因

- 人間による影響が 20 世紀半ば以降に観測された温暖化の支配的な原因であった可能性が極めて高い。

■将来予測

- 1986〜2005 年平均に対する，2081〜2100 年の世界平均地上気温の上昇量は，可能な限りの温暖化対策を前提とした RCP2.6 シナリオ*では 0.3〜1.7℃ の範囲に入る可能性が高いとする一方，かなり高い排出量が続く RCP8.5 シナリオでは 2.6〜4.8℃ の範囲に入る可能性が高い。
- 同様に世界平均海面水位の上昇は，RCP2.6 シナリオでは 0.26〜0.55m の範囲に入る可能性が高いとする一方，RCP8.5 シナリオでは 0.45〜0.82m の範囲に入る可能性が高い（中程度の確信度）。
- RCP8.5 シナリオにおいて今世紀半ばまでに 9 月の北極海で海氷がほとんど存在しない状態となる可能性が高い（中程度の確信度）。
- 21 世紀末までに，地表付近の永久凍土面積はモデル平均では 37%（RCP2.6 シナリオ）から 81%（RCP8.5 シナリオ）の間で減少する。
- 熱膨張に起因する海面水位上昇が何世紀にわたって継続するため，2100 年以降も世界平均海面水位が上昇しつづけることはほぼ確実である。RCP8.5 シナリオのように 700ppm を超えるが 1,500ppm には達しない二酸化炭素濃度に相当する放射強制力の場合，予測された水位上昇は 2300 年までに 1m から 3m 以上である（中程度の確信度）。
- あるしきい値を超える気温上昇が持続すると，千年あるいはさらに長期間をかけたグリーンランド氷床のほぼ完全な損失を招いて，7m に達する世界平均海面上昇をもたらす（高い確信度）。

（注）（　）の中の数字は，90% の確からしさで起きる可能性のある値の範囲を示している。

* IPCC 第 5 次報告書では，政策的な緩和策を前提として，将来，温室効果ガスをどのような濃度に安定化させるかという考え方から，その代表的濃度経路（Representative Concentration Pathways）を示している。RCP2.6（低位安定化シナリオ：気温上昇を 2℃ に抑えることを想定），RCP8.5（高位参照シナリオ：政策的な緩和策を行わないことを想定），及びそれらの間に位置する RCP4.5（中位安定化シナリオ）と RCP6.0（高位安定化シナリオ）の 4 シナリオがある。

（出典）　環境省「平成 26 年版　環境・循環型社会・生物多様性白書」

1950年以降，観測された変化の多くは数十年から数千年にわたり前例のないものであること，気候システムに対する人為的影響は明らかであり，人間及び自然システムに対し広範囲にわたる影響を及ぼしていることが述べられています。そして，その影響は，暴風雨及び極端な降水，干ばつや水不足，海面上昇及び高潮など，経済及び生態系にとってのリスクを増大させることが「確信度が非常に高い」レベルで予測されるとしています（図6.3）。さらに，気候変動の多くの特徴及び関連する影響は，たとえ温室効果ガスの人為的な排出が停止したとしても何世紀にもわたって持続するだろうとしています。

次いで，このような，予想される将来の深刻な損害を抑えるためには，気候変動を安定化させる必要があり，地球の平均気温の上昇を工業化以前と比べて2度未満に抑制することが求められていること，そのためには，二酸化炭素及びその他の温室効果ガスを今後数十年にわたり大幅に削減し，21世紀末までに地球全体の排出をほぼゼロにすることが必要であるとしています。

なお，2015年に合意されたパリ協定においては，世界共通の長期目標としてこの2度未満にするということが書かれていますが，同時に，1.5度に抑える努力を追及することにも言及されています。これは，IPCCが2018年にとりまとめる「1.5度の気温上昇による影響等に関する特別報告書」に関連し，2度未満の抑制では十分でないとの島嶼国の強い危機感を背景に，協定書に加えられました。

以上のようなIPCCの報告書の内容は，今後，途上国がさらに発展していくことが予想されるなか，先進国を含めて，世界の生産・消費にかかる社会システムを抜本的に変えていかなければならないことを意味しています。いわゆる持続可能な経済社会の構築は，はるか遠くの目標ではなく，すでに気候変動問題を通じて現実の課題として私たちに突きつけられているのです。

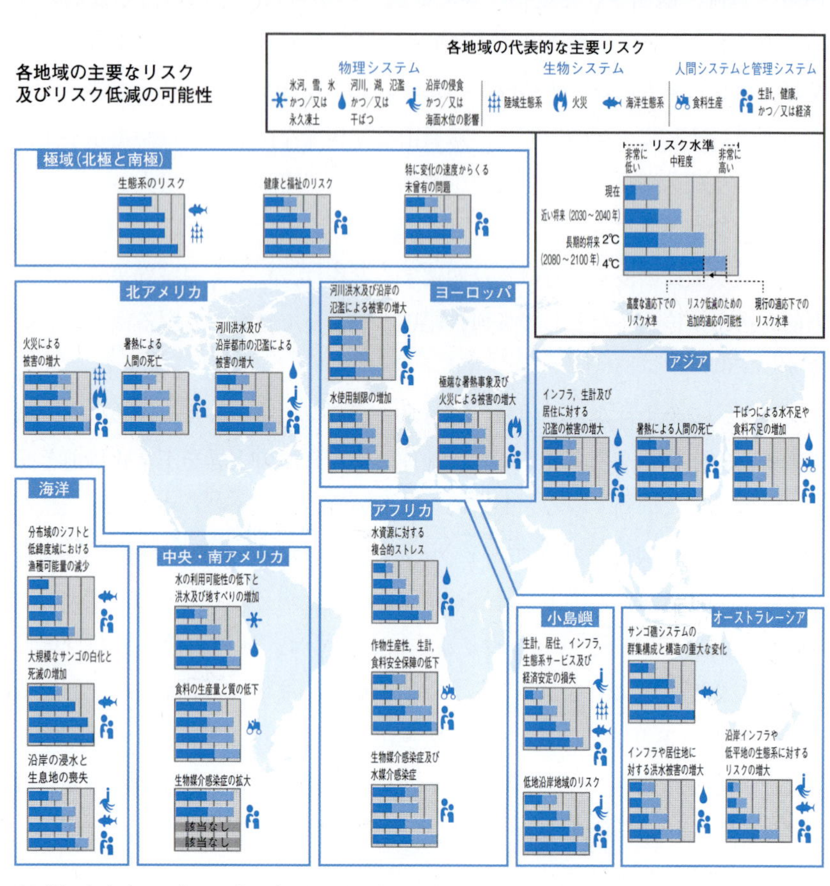

（出典） 気象庁 HP「IPCC 第 5 次評価報告書統合報告書政策決定者向け要約」

図 6.3　世界各地域の温暖化による主要なリスクとリスク軽減の可能性

6.3　世界に先駆けた北欧諸国の炭素税

スウェーデンをはじめとする北欧諸国は，環境問題について，早くから高い関心を持っていた国であり，それらを背景に，1972年には，スウェーデンの首都ストックホルムで，世界で初めての大規模な政府間会合である「国連人間環境会議」が開催された歴史があります。1972年というと，第1章で触れたローマクラブの『成長の限界』が出版され世界的に大きな反響を呼んだ時代であり，その当時，北欧諸国は，環境問題を解決しようとする国々の間で，世界的なリーダーシップを発揮していました。

その後，研究者を中心に気候変動問題についての関心が次第に高まり，1992年にはブラジルのリオデジャネイロで世界の首脳が一堂に会した「環境と開発に関する国連会議」（通称「地球サミット」）が開催され，それに合わせて国連気候変動枠組条約や生物多様性条約がとりまとめられました。

国連気候変動枠組条約は，気候変動問題を正面から扱った世界で初めての条約であり，気候変動の安定化を目指して，当面，2000年の時点での温室効果ガスの排出量を1990年の水準まで抑制することを目標にしていました。また，その取組に向け，先進国，途上国を含め，データの整備や対策の計画づくりなどについても言及されていました。この条約を出発点として，その後，1997年の京都議定書の採択，2015年のパリ協定の合意など国際的な気候変動対策が推進されていくようになりました（表6.2）。

生物多様性条約は，世界的な自然環境の悪化を背景に①生物多様性の保全，②生物多様性の構成要素の持続可能な利用，③遺伝資源の利用から生ずる利益の公正で衡平な配分を目的としたもので，特に，③の問題に関する先進国と途上国との利害関係の調整が大きなポイントでした。この条約を基礎として，2010年には名古屋議定書が採択されています。生物多様性条約に関するこれまでの取組をまとめたものが図6.4です。

表 6.2　気候変動枠組交渉の経緯

1992 年	気候変動枠組条約（UNFCCC）採択（1994 年発効）
1997 年	京都議定書採択（COP3）（2005 年発効） ※米国は未批准
2009 年	「コペンハーゲン合意」（COP15） →先進国・途上国の 2020 年までの削減目標・行動をリスト化すること等に留意（COP としての決定には至りませんでした）。
2010 年	「カンクン合意」（COP16） →各国が提出した削減目標等が国連文書に整理されることになりました。
2011 年	「ダーバン合意」（COP17） →全ての国が参加する新たな枠組み構築に向けた作業部会（ADP）が設置されました。
2012 年	「ドーハ気候ゲートウェイ」（COP18） →京都議定書第 2 約束期間が設定されました。
2013 年	ワルシャワ決定（COP19） →2020 年以降の削減目標（自国が決定する貢献案（International Nationally Determined Contributions））の提出時期等が定められました。
2014 年	「気候行動のためのリマ声明（Lima Call for Climate Action）」（COP20） →自国が決定する貢献案を提出する際に示す情報（事前情報），新たな枠組の交渉テキストの要素案等が定められました。
2015 年	パリ協定（Paris Agreement）採択（COP21）（2016 年発効） →2020 年以降の枠組みとして，史上初めて全ての国が参加する制度の構築に合意しました。

（出典）　外務省 HP

こういった環境問題に対する世界的な取組の中で，1990 年にフィンランドが世界で初めての炭素税を導入しました。次いで 1991 年にはノルウェーとスウェーデンが，さらに 1992 年にはデンマークが炭素税を導入しました（表 6.3）。

これらの国々では，税収を得ることが目的ではなく二酸化炭素の排出を抑制することをその目的としていました。ただし，厳密にいうと，フィンランドで導入された炭素税は，既存のエネルギー税を改組したもので，炭素含有量のみが課税対象となったのは 1997 年でした。それでも，世界に先駆けて

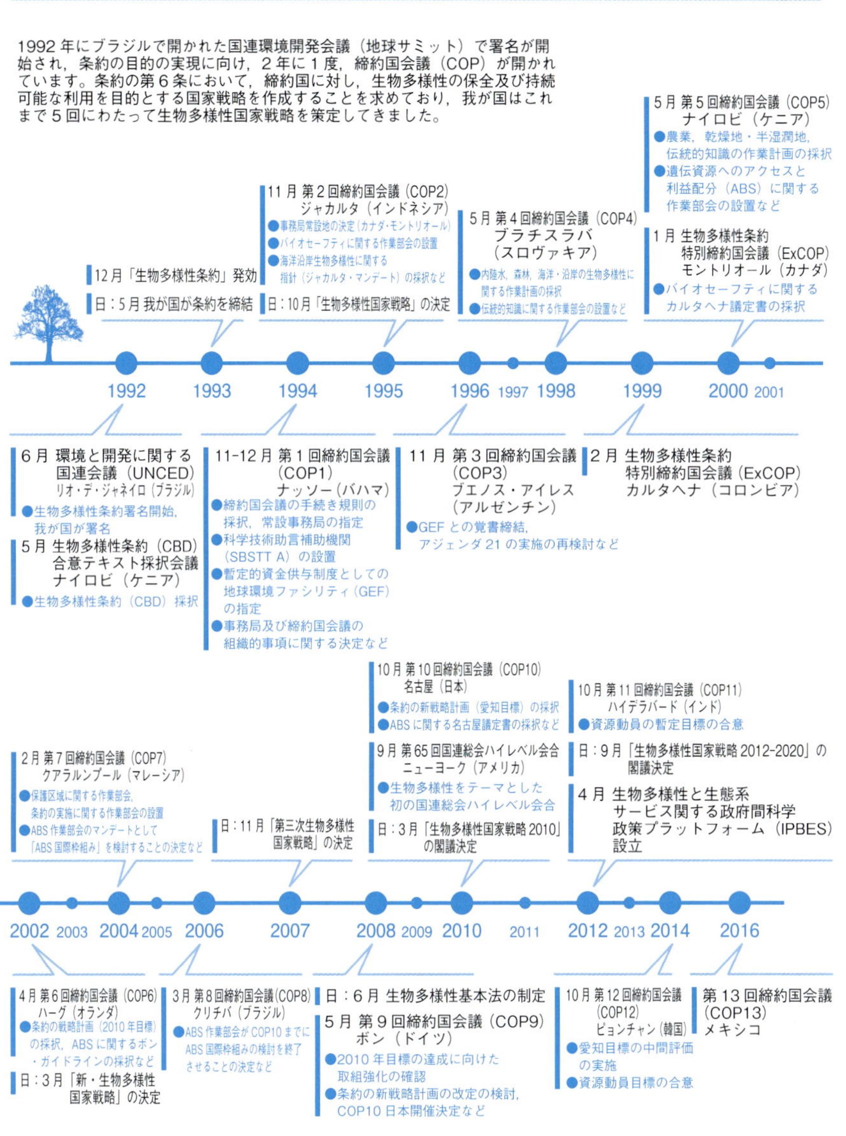

（出典） 環境省HP

図6.4 生物多様性条約の経過

表 6.3　各国の炭素税導入

1980 年代からの環境問題に対する関心の高まり，気候変動枠組条約国際交渉（1990 年～）など		
1990 年	フィンランド	炭素税（Carbon tax）導入
1991 年	スウェーデン	CO_2 税（CO_2 tax）導入
	ノルウェー	CO_2 税（CO_2 tax）導入
1992 年　気候変動枠組条約採択【1994 年 3 月発効】，6 月 地球サミット（リオデジャネイロ）		
1992 年	デンマーク	CO_2 税（CO_2 tax）導入
	オランダ	一般燃料税（General fuel tax）導入
1996 年	オランダ	規制エネルギー税（Regulatory energy tax）導入
	スロベニア	CO_2 税（CO_2 tax）導入
1997 年　京都議定書採択【2005 年 2 月発効】		
1999 年	ドイツ	電気税（Electricity tax）導入
	イタリア	鉱油税（Excises on mineral oils）の改正（石炭等を追加）
2000 年	エストニア	炭素税（Carbon tax）導入
2001 年	イギリス	気候変動税（Climate change levy）導入
〈参考〉2003年10月「エネルギー製品と電力に対する課税に関する枠組みEC指令」公布【2004年 1 月発効】 ：各国はエネルギー製品及び電力に対して最低税率を上回る税率を設定		
2004 年	オランダ	一般燃料税を既存のエネルギー税制に統合（石炭についてのみ燃料税として存続（Tax on coal）） 規制エネルギー税をエネルギー税（Energy tax）に改組
2005 年	EU	EU 域内排出量取引制度（EU-ETS）開始
2006 年	ドイツ	鉱油税をエネルギー税（Energy tax）に改組（石炭を追加）
2007 年	フランス	石炭税（Coal tax）導入
2008 年	スイス	CO_2 税（CO_2 levy）導入
	カナダ(ブリティッシュ・コロンビア州)	炭素税（Carbon tax）導入
2010 年	アイルランド	炭素税（Carbon tax）導入
2011 年	アイスランド	炭素税（Carbon tax）導入
2014 年	フランス	炭素税（Carbon tax）導入
	メキシコ	炭素税（Carbon tax）導入
2015 年	ポルトガル	炭素税（Carbon tax）導入
2017 年	チリ	炭素税（Carbon tax）導入
2017 年	カナダ（アルバータ州）	炭素税（Carbon Levy）導入
2017 年	南アフリカ	炭素税（Carbon tax）導入予定
2018 年	カナダ	2018 年までに国内全ての州及び準州に炭素税（Carbon tax）または排出量取引制度（C&T）の導入を義務付け

（注）欧州委員会は，2011 年 4 月に，現行のエネルギー税制指令の改定案を公表。加盟国のエネルギー税の最低税率を，CO_2 排出量に基づく税率として，CO_2-1 トン当たり€20 とすること等を提案。

（資料）各国政府及び OECD/EEA データベース，世界銀行（2016）「State and Trends of Carbon Pricing 2016」等より作成。

（出典）環境省 HP

炭素税を気候変動対策の政策手段として導入した意義はきわめて大きいものがあります。

6.4 その他の国と日本における炭素税

北欧諸国が炭素税を導入したというニュースは当時，世界の環境担当部局に広まり，多くの国々でその導入の検討が進められました。

日本でも当時の環境庁内で環境税の検討会が設置され，検討が進められましたが，産業界における抵抗感は大きく，政府内においても経済官庁を中心に消極的な対応が続きました。

そのような状況の中で，1999 年にドイツでエコロジー税制改革が行われ，新たなエネルギー課税が導入されました。この税はエネルギー全般に課税されるもので炭素のみの課税ではありませんが，二酸化炭素を含むエネルギー全般からの環境負荷の低減とその税収による，企業負担の雇用者の社会保険料の軽減を目的としていました。次いで 2001 年には，英国が気候変動税を導入するなど，これまで北欧諸国に留まっていた環境税が欧州の主要国にまで広まってきました。同税は，英国気候変動プログラムの核として，温室効果ガス削減義務，二酸化炭素削減目標の達成を目的としたもので，その税収は，環境対策とともに企業負担の国民保険料の軽減にも充てられました。

この間，日本では環境省を中心に環境税導入の試みがなされ何度か法案が国会に提出されましたが，成立することはありませんでした。しかしながら東日本大震災が起こった翌年の 2012 年に，ようやく地球温暖化対策のための税が導入されました（図 6.5）。これは，従来からある石油石炭税の上乗せ分として，二酸化炭素 1 トン当たり 289 円を課税するもので，2016 年度の税収規模は 2600 億円となり，その税収は省エネ対策，再生可能エネルギー普及等に使われています。

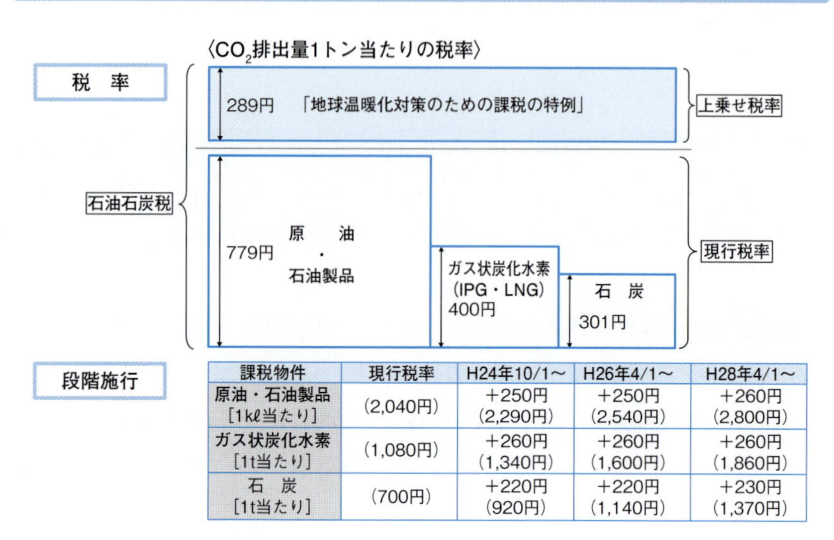

課税物件	現行税率	H24年10/1〜	H26年4/1〜	H28年4/1〜
原油・石油製品 ［1kℓ当たり］	(2,040円)	+250円 (2,290円)	+250円 (2,540円)	+260円 (2,800円)
ガス状炭化水素 ［1t当たり］	(1,080円)	+260円 (1,340円)	+260円 (1,600円)	+260円 (1,860円)
石　炭 ［1t当たり］	(700円)	+220円 (920円)	+220円 (1,140円)	+230円 (1,370円)

（注）（　）は石油石炭税の税率。
（出典）環境省 HP「総合環境政策」

図 6.5 「地球温暖化対策のための税」の仕組み

さらに 2014 年にはフランスでも炭素税が導入され，その税収はエネルギー対策等に充てられるなど，気候変動対策の一環としての環境税（炭素税）は欧州を中心に広がりを見せています。表 6.4 は，主な炭素税導入国の制度概要をまとめたものです。また，各国の炭素税税率の推移を図 6.6 に示しました。

以上，先進国を中心に気候変動対策としての環境税（炭素税）の動きを見てきましたが，その内容や効果については，それぞれの国でかなりの違いがあることに注意が必要です。例えば，税率ですが，日本における「地球温暖化対策のための税」では，二酸化炭素 1 トン当たりの税率は 289 円です。一方でスウェーデンの炭素税の税率は二酸化炭素 1 トン当たり標準税率が 119 ユーロ（日本円換算 1 万 5670 円）となっており，かなりの差があります。

表 6.4 主な炭素税導入国の制度概要

（2017 年 3 月時点）

国名	導入年	税率 (円/tCO_2)	税収規模 (億円[年])	財源	税収使途	減免措置
日本 (温対税)	2012	289	2,600 [2016 年]	特別会計	・省エネ対策，再生可能エネルギー普及，化石燃料クリーン化等のエネルギー起源 CO_2 排出抑制	・輸入・国産石油化学製品製造用揮発油等
フィンランド (炭素税)	1990	7,640 (58EUR) (暖房用) 8,170 (62EUR) (輸送用)	1,624 [2016 年]	一般会計	・所得税の引下げ及び企業の雇用に係る費用の軽減	・EU-ETS 対象企業は免税 ・産業用電力・CHP は減税，バイオ燃料に対してはバイオ燃料含有割合に応じて減税。原料使用，発電用に使用される燃料等は免税
スウェーデン (CO_2 税)	1991	15,670 (119EUR) (標準税率) 12,640 (96EUR) (産業用)	3,214 [2016 年]	一般会計	・法人税の引下げ（税収中立）	・産業用電力・CHP は減税，エネルギー集約型産業・農業に対し還付措置 ・EU-ETS 対象企業は免税，EU-ETS 対象外の産業は 20% 減税
デンマーク (CO_2 税)	1992	3,050 (172.4DKK)	654 [2016 年]	一般会計	・政府の財政需要に応じて支出	・EU-ETS 対象企業及びバイオ燃料は免税
スイス (CO_2 税)	2008	9,860 (84CHF)	970 [2015 年]	一般会計 (一部基金化)	・税収 1/3 程度は建築物改装基金，一部技術革新ファンド，残りの 2/3 程度は国民・企業へ還流	・国内 ETS に参加企業は免税 ・政府との排出削減協定達成企業は減税 ・輸送用ガソリン・軽油は課税対象外
アイルランド (炭素税)	2010	2,630 (20EUR)	552 [2015 年]	一般会計	・赤字補填（財政健全化に寄与）	・ETS 対象産業，発電用燃料，農業用軽油，CHP（産業・業務）等は免税
フランス (炭素税)	2014	4,020 (30.5EUR)	7,902 [2016 年]	一般会計 / 特別会計	・一般会計から競争力・雇用税額控除，交通インフラ資金調達庁の一部，及び，エネルギー移行のための特別会計に充当	・EU-ETS 対象企業は免税
ポルトガル (炭素税)	2015	900 (6.85EUR)	125 [2015 年]	一般会計	・所得税の引下げ（予定） ・一部電気自動車購入費用の還付等に充当	・EU-ETS 対象企業は免税
カナダ BC 州 (炭素税)	2008	2,730 (30CAD)	1,092 [2016 年]	一般会計	・他税（法人税等）の減税により納税者に還付	・越境輸送に使用される燃料，農業用燃料，燃料製造に使用される産業用原料使用等は免税

（注） EU-ETS は，欧州排出量取引制度の略称。
（資料） 各国政府資料よりみずほ情報総研作成。
（出典） 環境省 HP

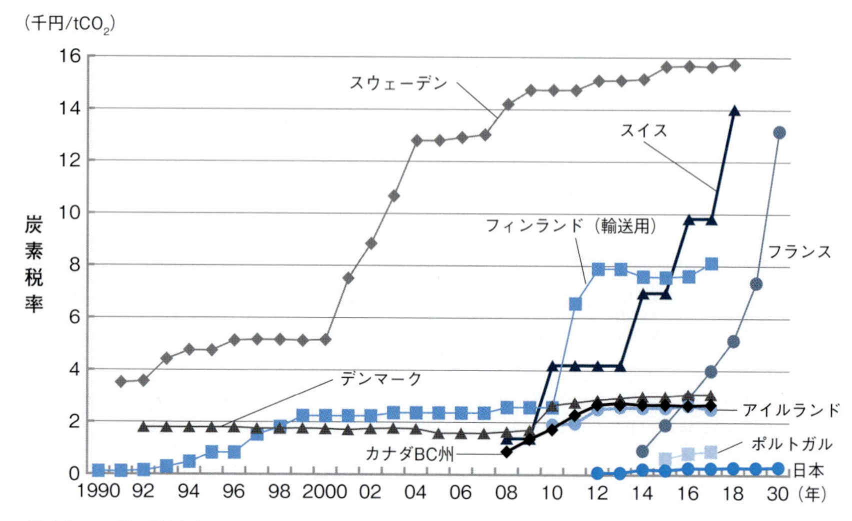

（資料） みずほ情報総研
（注） 1. スイスの 2018 年の炭素税率は 96～120CHF/トン CO_2 と幅があるが，ここでは最も高い税率を適用。
2. 為替レート：1CAD＝約 91 円，1CHF＝約 117 円，1EUR＝約 132 円，1DKK＝約 18 円，1SEK＝約 14 円。（2014～2016 年の為替レート（TTM）の平均値，みずほ銀行）
（出典） 環境省 HP

図 6.6 主な炭素税導入国の税率の推移

スウェーデンの炭素税は，税率が非常に高く，二酸化炭素の抑制効果も高いのですが，その税収は一般会計に入り，法人税率の引下げに使われ，税収中立となっています。一方で日本の場合はこの税収による追加的な二酸化炭素抑制効果はほとんど見込まれず，環境対策のための財源確保が主な目的になっています。

ただし，若干注意が必要なのは，日本では，以前より，揮発油税や石油税などのエネルギー課税が行われてきたことです（表 6.5）。これらは環境関連税制と呼ばれることもありますが，もともと，道路建設や産業振興のため

表 6.5 日本における環境関連税制

区分	税目 (課税主体)	課税対象	税率	税収 (平成28年度予算)	使途
エネルギー課税	**揮発油税** (国)	**揮発油** 製造場から移出し，又は保税地域から引き取るもの	48.6 円/ℓ (本則：24.3 円/ℓ)	23,860 億円	一般財源
エネルギー課税	**地方揮発油税** (国)		5.2 円/ℓ (本則：4.4 円/ℓ)	2,553 億円	一般財源 (都道府県，指定市及び市町村の一般財源としての全額譲与)
エネルギー課税	**石油ガス税** (国)	**自動車用石油ガス** 充てん場から移出し，又は保税地域から引き取るもの	17.5 円/kg	180 億円	一般財源 (税収の 1/2 は都道府県及び指定市の一般財源としての譲与)
エネルギー課税	**軽油引取税** (都道府県)	**軽油** 特約業者又は元売業者からの引取りで当該引取りに係る軽油の現実の納入を伴うもの	32.1 円/ℓ (本則：15.0 円/ℓ)	9,245 億円	一般財源
エネルギー課税	**航空機燃料税** (国)	**航空機燃料** 航空機に積み込まれるもの	18.0 円/ℓ ※H32.3 までの特例税率 (本則：26.0 円/ℓ)	669 億円	空港整備等（税収の 2/9 は空港関係市町村及び空港関係都道府県の空港対策費として譲与）
エネルギー課税	**石油石炭税** (国)	**原油・石油製品，ガス状炭化水素，石炭** 採取場から移出し，又は保税地域から引き取るもの	・原油，石油製品 2,040 円/kℓ ・LPG，LNG 等 1,080 円/t ・石炭 700 円/t	6,880 億円	燃料安定供給対策 (石油，可燃性天然ガス及び石炭の安定的かつ低廉な供給の確保を図るための，石油及び天然ガス等の開発，備蓄などの措置) エネルギー需給構造高度化対策 (内外の経済的社会的環境に応じた安定的かつ適切なエネルギーの需給構造の構築を図るための，省エネルギー・新エネルギー対策等の措置及びエネルギー起源 CO_2 排出抑制対策などの措置)
エネルギー課税	**地球温暖化対策のための課税の特例**	CO_2 排出量に応じた税率を上乗せ ※H24.10施行。3年半かけて税率を段階的に引き上げ	・原油，石油製品 760 円/kℓ ・LPG，LNG 等 780 円/t ・石炭 670 円/t	—	
エネルギー課税	**電源開発促進税** (国)	**販売電気** 一般電気事業者が販売するもの	375 円/1000kwh	3,200 億円	電源立地対策 (発電用施設周辺地域整備法の規定に基づく交付金の交付及び発電用施設の周辺の地域における安全対策のための財政上の措置その他の発電の用に供する施設の設置及び運転の円滑化に資するための財政上の措置) 電源利用対策 (発電用施設の利用の促進及び安全の確保並びに発電用施設による電気の供給の円滑化を図るための財政上の措置) 原子力安全規制対策 (原子力発電施設等に関する安全の確保を図るための措置（独立行政法人原子力安全基盤機構に対する交付金の交付を含む。))
				計 4 兆 6,587 億円	
車体課税	**自動車重量税** (国)	**自動車** 自動車検査証の交付等を受ける検査自動車及び車両番号の指定を受ける届出軽自動車	[例] 乗用車 車両重量 0.5t につき ・自家用 4,100 円/年 ・営業用 2,600 円/年 (本則：いずれも 2,500 円)	6,492 億円	一般財源 （税収の407/1000は，市町村の一般財源として譲与） 税収の一部を公害健康被害の補償費用として交付
車体課税	**自動車税** (都道府県)	**自動車** 4月1日に所有する乗用車，トラック等	[例] 乗用車・自家用 総排気量 1.5～2ℓ 39,500 円/年	15,248 億円	一般財源
車体課税	**軽自動車税** (市町村)	**軽自動車等** 4月1日に所有する軽自動車，原動機付自転車等	[例] 乗用車・自家用 ・平成 27 年 4 月 1 日以降 10,800 円/年 (平成 27 年 3 月 31 日以前は 7,200 円/年)	2,442 億円	一般財源
車体課税	**自動車取得税** (都道府県)	**自動車** 取得する自動車	・自家用 取得価額の 3% ・営業用・軽自動車 〃 の 2% (本則：いずれも 3%)	1,075 億円	一般財源 （税収の 95/100×7/10 は市町村に交付（この他，指定都市に加算））
				計 2 兆 5,257 億円	

（出典） 環境省 HP「総合環境政策」

の財源確保の意味合いが強く，環境対策としての税金とは認識されていませんでした。本来ですと，そのような既存税制を含めて，環境保全面も十分考慮してエネルギー課税全体を再編することが望ましいのですが，政治的な困難性もあり，従来の石油石炭税の上に二酸化炭素排出量を考慮した上乗せ課税をするという現在の方式に落ち着いたという経緯があります。

環境税は，もともと環境汚染物質に着目して税金をかけることにより，環境汚染（負荷）物質の排出等を社会全体として効率的に抑制するところに大きな特長があるのですが，日本の場合は環境税（炭素税）に強く反対する産業界の意向を背景に，環境対策としては，きわめて低い税率しかかけられていないという問題があります。

6.5 環境税（炭素税）とその他の政策との組合せ

日本において，炭素税がなかなか導入できず，またようやく実現した2012年の「地球温暖化対策のための税」にしてもきわめて低い税率しか課税できないという状況はなぜ起こるのでしょうか。また，それを打開するような工夫はできないのでしょうか。

スイスの経済学者ビンスヴァンガー（Binswanger, H. C.）は1983年に発表した「環境破壊なき雇用」という論文の中で，雇用者の年金財源の調達にエネルギー課税からの税制を充てる政策について提言しています。これは，1つの政策で環境保全と雇用の確保の二つの政策目標を実現しようとするもので，**二重の配当論**といわれています。ドイツが1999年に導入したエコロジー税制改革は，まさにこの考え方を実際の政策に導入したものといえましょう。多かれ少なかれエネルギーを使う企業にとって，エネルギー課税はコスト増となり，経営の観点からは望ましいものとは言い難いのですが，逆に，その税収を，雇用者の年金の企業負担分の減少に充てることは，企業にとってコスト的に助かるものとなります。

日本における環境税の議論の場合は，企業が一方的に環境税を取られるということに大きな抵抗感があったのに対し，ドイツの場合はそのような政策の組合せを行うことにより，新たな税金に対する産業界の受容性が高まったものと思われます。同様に，スウェーデンの炭素税の税率は大変高いのですが，それが法人税の引下げに使われるということで，やはり同税に対する産業界の受容性が高まったものと思われます。

なお，ドイツの場合，あえて炭素税ではなく，エネルギー税とした理由には，ドイツは1998年の政権交代後の一連の政策転換の中で，早くから脱原発の方向を定めていたこともあったのではないかと思われます。いずれにしても，日本の「地球温暖化対策のための税」は，炭素税として捉えようとする場合には，諸外国と比べても，その経済的インセンティブが低いこと，税収による政策が補助金政策に偏りがちなことなど，多くの問題点があり，改善の必要があるといえましょう。

6.6　炭素税以外の環境税の導入事例

諸外国における事例

気候変動対策以外の分野では，廃棄物対策としての課税が多く見られます。例えば，デンマーク，アイルランド，ポルトガルでは2000年代に入って使い捨て袋（ポリ袋）に対して課税しています。特に，デンマークでは，1999年から容器全般に対する課税も実施されています。また，EUでは，廃棄物の減量やリユース利用が優先されていることもあり，天然素材やリユース可能な容器の税率が低くなっています。

まちづくりに関連した税制としては，フランスの交通税があり1970年代から実施されています。この税は雇用者の給与総額に課税され，税収は公共交通のインフラ投資，運営費等に充当されています。また，1993 年に導入された米国のミネソタ州の土地汚染税は，土地の汚染により，資産の市場価値が下がり，財産税（固定資産税）も下がる場合に，その下落分に課税するものであり，財産税が，土壌汚染のインセンティブにならないように，汚染除去計画の有無により税率を差別化するとともに税収の一部を汚染浄化の補助金財源に充てることで，汚染浄化を促進することとしています。

自然保護に関連する分野では，中国，ネパールの両国がエベレスト登山にかかる入山料を導入しており，タンザニアや米国の国立公園などでは入園時に入園料が課されています。また，ガラパゴス諸島やイースター島では，入島時に入島税や入園料が課されています。

日本における事例

先に述べたように，日本では，公害問題から本格的な環境政策がスタートしたこともあり，国レベルでの一般的な環境税の導入の時期は北欧諸国などと比べるとやや遅れました。その中で，地方自治体において，産業廃棄物や森林保全の観点からの環境税がまず導入されてきました。これらの課税は，2000 年の地方分権一括法で地方自治体による法定外課税が認められたことをきっかけにはじまったものです。

廃棄物税については，2001 年に三重県が最終処分場への廃棄物の持ち込みに課税したのが最初の事例です。その後，多くの自治体で同様の廃棄物税が導入されています。また，森林環境税については，2003 年に高知県で導入されたのが最初の事例で，その後全国の自治体に広がっています。ただし，森林環境税については，当初，森林による水の浄化機能に着目して水道料金への上乗せなどが検討されましたが，行政コストなども考慮され現在は，県民税への上乗せ方式が多く採用されています。

その他，国レベルの環境に関する税金としては，鳥獣の保護及び狩猟に関する行政の実施に要する費用に充当するための狩猟税，原子力発電所の立地地域等における防災対策充実等の費用に充当する核燃料税などが位置づけられています。また，地方自治体レベルでは，国立公園の駐車場への乗り入れに課税する岐阜県の事例や環境の美化や保全費用に充てるための環境協力税を導入した沖縄県伊是名村，伊平屋村，渡嘉敷村などの事例があります。

ただし，いずれも税額は，諸外国の事例を比べるとそれほど高くはなく，課税による利用者の抑制というよりは，関連の対策を行うための税収を上げることが主な目的となっています。

6.7 本章のまとめ

本章では，環境経済学の分野で検討され，発展してきた環境税が，現実の社会でどのように導入されてきたかということを，それぞれの環境問題と関連づけて説明しました。特に，今日，環境問題の性格が，激甚公害などの直接的な健康被害にかかわるようなものから，気候変動問題など，エネルギー問題を通じて経済と密接にかかわるようなものに変化してきていることから，経済そのものの改革を促す環境税が果たす役割が高まっているといえます。また，環境税を導入するにあたっては，広い視野のもとに他の政策との連携を図り，企業を含む社会の受容性を如何に高めるかということも重要です。諸外国では，炭素税やエネルギー税の税収を企業の年金負担の補助や法人税の減額に使うなどの事例も見られ，日本においても，実効性のある環境税の導入に際しては，環境政策以外の政策との組合せをさらに工夫することが望まれます。

その他，気候変動問題以外の分野でも廃棄物税などの導入事例が徐々に拡大してきており，持続可能な社会の構築に向け，今後一層の活用が期待されます。

練習問題

6.1　気候変動問題への対応手段として，炭素税とエネルギー税は社会にどのような効果の違いをもたらすか考えてみましょう。

6.2　炭素税が，なぜ北欧で先進的に導入され，その後欧州に広まったのか，それに対してなぜ日本では環境税の導入が遅れがちであったのか，その理由について考えてみましょう。

6.3　環境税の立案の責任者になったつもりで，どうすれば実現性が高まるかに留意しつつ，日本における新たな環境税の導入案をつくってみましょう。

コラム　デンマークの炭素税と日本の汚染負荷量賦課金

1990年代のはじめに世界に先駆けて北欧諸国が炭素税を導入したことは，当時の世界の環境行政の担当者に大きな衝撃を与えました。特に，日本では，公害対策で顕著な効果をあげた直接規制と補助金等の政策手法が主流であったなかで，それまでは行政の視野に入っていなかった「税金」を，環境汚染の抑制手段としても現実に利用しうるということを実感したことは，当時環境庁で働いていた筆者にとっても新鮮な驚きでした。

ちょうどその頃，デンマークの環境省の局長が環境庁を訪問したことがありました。デンマークは炭素税を導入した直後でしたので，筆者は，不躾ながらその局長に，「デンマークが炭素税を導入したことは，大変素晴らしいことと思うが，税率を見るとそれほど高くない，これでは十分な二酸化炭素抑制効果はないのではないか」と率直な質問をしました。

それに対し，局長は，「確かに現時点では税率は高くない。しかしながら，この税金は将来にわたって税率を高めていくことが想定されており，企業もそれがわかっている。その意味で税の導入は企業に対する大きなアナウンスメント効果があり，企業の行動を変えるものとなる」と述べられ，中長期的な視野に立った戦略的な環境行政の考え方に大きな感銘を受けました。実際，デンマークの現在の税率はその頃よりかなり高くなっています。

このように書くと，日本は直接規制にこだわり，環境税のような先進的な政策手法と環境政策とは無縁であったように思われるかもしれませんが，実は，日本の環境行政の歴史において，やや例外的な事例があります。それは1973年に導入された公害健康被害補償制度に基づく汚染負荷量賦課金です。もとより，この賦課金は，公害健康被害者への損害賠償という性格と，その関係企業が負担する一種の保険という性格を併せ持つものとされ，いわゆる「環境税」という位置づけのものではありません。その料率は，毎年の認定患者数とそれに要する給付金の総額をもとに，毎年改定され，企業の二酸化硫黄の排出量に応じて負担額が割り振られました。また，企業による保険金的性格という面から，賦課金は，料率は低かったものの公害健康被害の指定地域以外の企業も負担することとされました。

したがって，この賦課金は，環境税として設計されたものではなく，環境税と直接比較することはできません。また，指定地域内の排出源を持つ事業者が二酸化硫黄の量を減らしても，指定地域内の給付が増加していた時期には，毎年料率が改定され，納付する金額は逆に増加するというような現象も見られ，事業者の立場からは，一種の不合理感がありました。

ただ，当時の健康被害患者への迅速かつ公正な対応が急務という状況の中で，硫黄酸化物の排出量に応じた賦課金を徴収するという仕組みは，環境税の仕組みと一部相通じるところがあり，当時の企業関係者の間でも，「環境汚染物質を排出することが費用となる」という認識が醸成されたことは間違いないものと思われます。結果として，公害健康被害にかかる指定地域内の二酸化硫黄の排出量は，その地域内で操業していた工場の移転等ともあいまって劇的に低下し今日に至っています。その意味では，デンマーク等の炭素税の導入よりも20年も前に，日本において，汚染物質の排出量に応じて課金を徴収するという仕組みが創設され，実施されたことは記憶にとどめておいていただきたいと思います。

第7章

排出量取引制度の環境政策への導入

この章では，環境経済政策のもう一つの大きな政策手段である排出量取引制度の導入事例について概観します。

○ *KEY WORDS* ○

排出量取引制度，連邦大気清浄法，
京都議定書，共通炭素税，欧州連合排出量取引制度，
バーデン・シェアリング協定，
米国の気候変動政策，中国における排出量取引制度，
東京都気候変動対策方針

7.1 米国がはじめた排出量取引制度

第5章5.5節において排出量取引制度について紹介しましたが，本章ではより詳細に各国のその導入の状況について解説します。表7.1は，排出量取引制度の具体的手法を整理したものです。

表7.1 排出量取引の分類とルール

(1) 上流型—下流型 ・上流型：化石燃料の採掘・輸入者が排出権の取引を行う方式。 ・下流型：発電施設等のGHG排出者が排出権の取引を行う方式。
(2) キャップ・アンド・トレード—ベースライン・アンド・クレジット ・キャップ・アンド・トレード：GHGの総排出枠を設定した上で，何らかの方法（(3)参照）で個々の規制対象主体に排出枠を割り当て，その取引を認める制度。 ・ベースライン・アンド・クレジット：何らかの「ベースライン」から削減した排出量を排出権として設定し，これを取引する制度。
(3) 無償割当—有償割当（オークション） ・無償割当： (i)グランドファザリング：過去のGHG排出量を基準として排出枠を割り当てる方式。 (ii)ベンチマーク方式：一定単位の製品などを生産する場合のGHG排出量（原単位）についてあらかじめ目標値を定め，それに基づいて排出枠を割り当てる方式。 ・有償割当（オークション）：政府が排出枠を公開入札等により販売する方式。
(4) その他のルール ・バンキング（キャリーオーバー）：排出量が割り当てられた排出枠を下回っていた場合に，その余剰排出枠を次期に持ち越し，次期の排出枠に上乗せして使用することができるというルール。 ・ボローイング：排出量が割り当てられた排出枠を上回っていた場合に，不足分の排出枠を次期から借り入れて埋め合わせても良いというルール。 ・上限価格制：排出権取引価格高騰のリスクを抑えるために，その上限価格を定めること。取引価格が上限を超えた場合，最大許容排出枠による量的規制を放棄し，上限価格による価格規制が採用される。 ・オフセット：他の者が実施した排出削減事業や植林事業等により生じた排出削減クレジットを獲得し，自らのGHG排出量と相殺することにより，排出量を改善する方法。

（注） GHG：温室効果ガス（greenhouse gas）。
（出典） 内閣府「世界経済の潮流2007年秋」

環境問題に対して排出量取引制度を適用するという試みは米国において本格的にはじまりました。これは，1980 年代に米国の大規模な火力発電所から発生する二酸化硫黄や二酸化窒素等が，酸性雨となって隣国のカナダの森林や湖に被害を与えているのではないかということが大きな外交問題となり，その解決策として新たに導入されたのです。

当時の汚染物質の削減のための政策としては，日本でも行われていた直接規制の手法が主流だったのですが，酸性雨のような広域的な汚染の場合，そのような個々の発電所ごとの排出規制を行うのではなく，削減のキャップは定めるものの，その達成については，個々の火力発電所の間での排出量取引を認める方が，削減費用が全体としてより少ないものとなるのではないかということが注目されました。

この制度は EPA（米国環境保護庁）による 1980 年代からのいくつかの試行を経て，1990 年に連邦大気清浄法の改正により，米国において正式に導入されました。これは二酸化硫黄の排出を対象とし，火力発電所のみを対象としたもので，試行錯誤をしながらも制度として定着しています。その後の研究では，その機能を阻害しうる諸要因を抱えながらも費用効率性の面で一定の成果をもたらしているとの報告がなされています。

7.2　京都議定書における排出量取引制度

1997 年に京都で採択された京都議定書は，史上初めて先進国に温室効果ガスの削減義務を課したものとなりました。その折衝では，積極的な削減対策を進めようとする EU と国内事情を背景に慎重な姿勢をとる米国との間で綱引きがありました。最終的に政治的な配慮のもと，1990 年を基準年として，EU 8%，米国 7%，日本 6% を軸とする温室効果ガスの削減目標が提案されましたが，その際，米国は各国の削減目標の達成手段として排出量取引

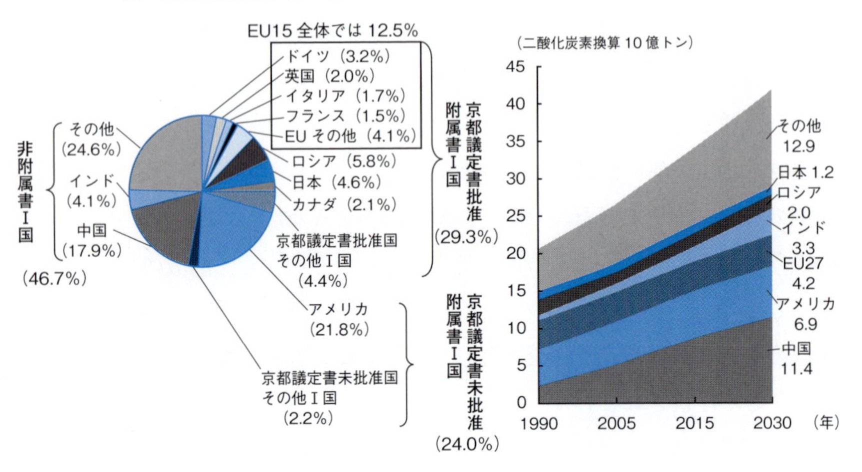

（備考） 1. (1)は IEA “CO_2 Emissions From Fuel Combustion（2006 Edition）”，(2)は IEA “World Energy Outlook 2007” より作成。
2. (1)の EU15 とは，オーストリア，ベルギー，デンマーク，フィンランド，フランス，ドイツ，ギリシャ，アイルランド，イタリア，ルクセンブルク，オランダ，ポルトガル，スペイン，スウェーデン及び英国を指す。
3. (2)の EU27 とは EU15 にブルガリア，キプロス，チェコ，エストニア，ハンガリー，ラトビア，リトアニア，マルタ，ポーランド，ルーマニア，スロバキア及びスロベニアを加えたもの。
4. 附属書Ｉ国は，先進国 24 か国・地域，市場経済移行国等 17 か国の計 41 か国・地域。非附属書Ｉ国は，その他の国・地域で，主に途上国。
（出典） 内閣府「世界経済の潮流 2007 年秋」

図 7.1　二酸化炭素排出量

制度を導入することを強く主張しました（図 7.1 に 2004 年時点の二酸化炭素排出量と見通し，図 7.2 に当時の先進国各国の温室効果ガス排出量の伸び率と削減目標を示します）。

これに対して，EU は自国内での削減を基本とすべきで，排出量取引制度などの経済的措置に頼るべきではないとの立場をとり折衝は難航しましたが，最後に EU が妥協し，排出量取引制度を導入することで京都議定書は採択さ

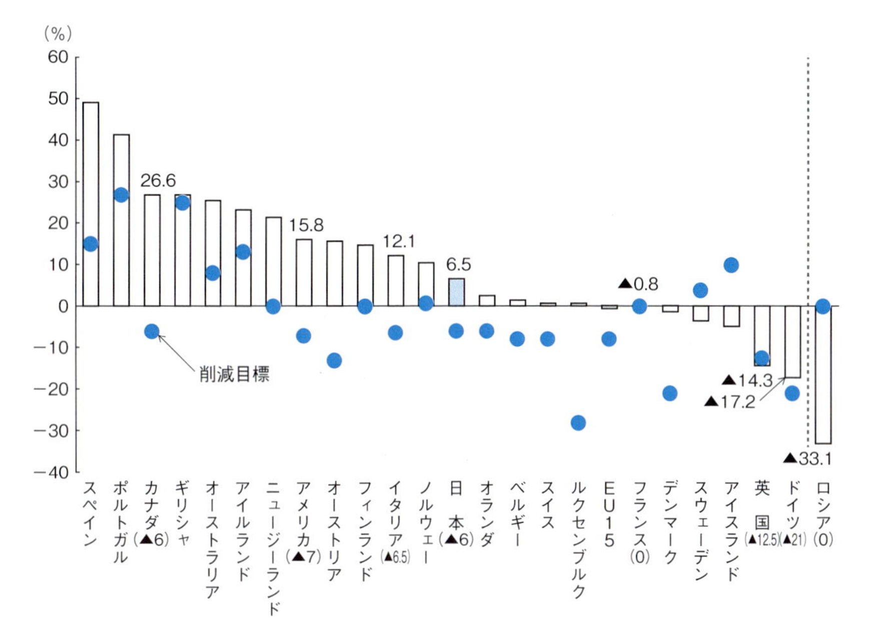

（備考）1. GHG は UNFCCC のデータベースより作成。ロシアは，UNFCCC にロシアが提出した報告書 "Common Reporting Format for the Provision of inventory information by Annex I Parties to the UNFCCC"（07 年 2 月 16 日）より作成。削減目標は「気候変動に関する国際連合枠組条約の京都議定書」より作成。なお，EU15 については京都議定書上の目標は▲8% であるが，02 年 4 月 25 日に各国の目標を再配分しており，その数値を掲載している。

2. なお，日本は，環境省の「2006 年度（平成 18 年度）の温室効果ガス排出量速報値について」によれば，04 年は基準年比で 7.7% 増，06 年は同 6.4% 増となっている。

3. EU15 とはオーストリア，ベルギー，デンマーク，フィンランド，フランス，ドイツ，ギリシャ，アイルランド，イタリア，ルクセンブルク，オランダ，ポルトガル，スペイン，スウェーデン及び英国。

4. 括弧内（ ）の数字は，G7 諸国及びロシアの削減目標。

（出典）内閣府「世界経済の潮流 2007 年秋」

図 7.2　先進国等の温室効果ガス（GHG）排出量の伸び率（基準年と 04 年の対比）と削減目標

共同実施（JI）
（京都議定書 6 条）

先進国同士が共同で事業を実施し，その削減分を投資国が自国の目標達成に利用できる制度

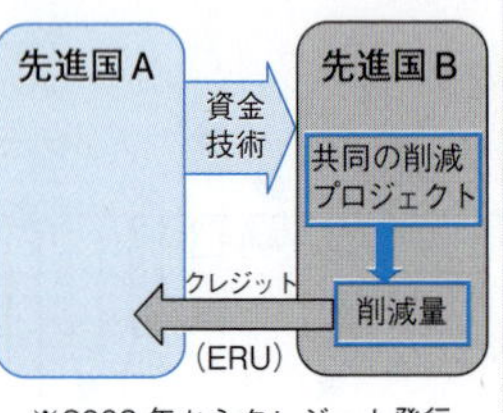

※2008 年からクレジット発行

クリーン開発メカニズム（CDM）
（京都議定書 12 条）

先進国と途上国が共同で事業を実施し，その削減分を投資国（先進国）が自国の目標達成に利用できる制度

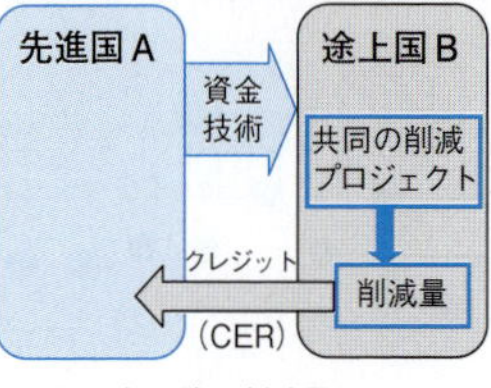

※2000 年以降の削減量についてクレジットが発生

（国際）排出量取引
（京都議定書 17 条）

先進国間で排出枠等を売買する制度

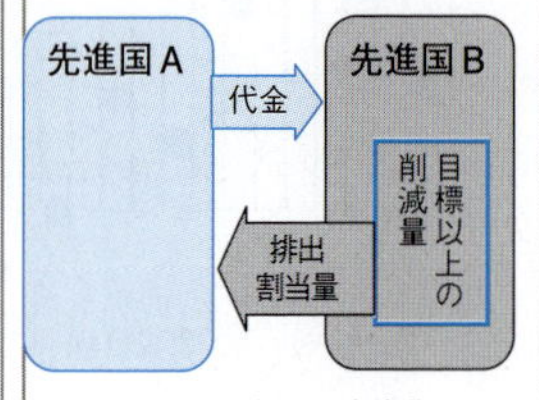

※2008 年から本格化

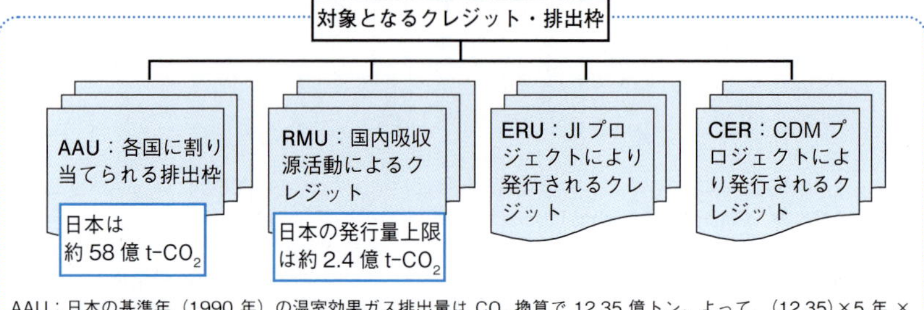

AAU：日本の基準年（1990 年）の温室効果ガス排出量は CO_2 換算で 12.35 億トン。よって，(12.35)×5 年 × 94%＝約 58 億トン

RMU：日本の森林経営による吸収量として COP7 で合意された 1,300 万 t-C /年（4,767 万 t-CO_2，基準年総排出量比約 3.9%）程度の吸収量の確保を目標とする

※ 京都議定書の目標遵守のためには，

「AAU+RMU+ERU+CER」の総和 ≧ 実際の排出量

でなければならない。

（出典） 環境省 HP

図 7.3 京都議定書における排出量取引制度の仕組み

れました。ただし，最終的には，国別の削減目標は国内での削減が主たるものとされ，排出量取引制度による削減は従たるものとされ，一定の歯止めがかけられました。

EU が排出量取引制度に難色を示した背景には，当時，EU としては加盟国全体に共通炭素税を導入することを考えていたこともその一因であったと思われます。一方で，米国では一般的に環境税の導入可能性は低く，その代わりに 1990 年から導入された二酸化硫黄にかかる排出量取引制度の実績とその成功体験があったことが主張の背景にあったことが指摘されます。

なお，京都議定書においては，①国別の排出削減目標の過剰達成及び過少達成に基づく排出量取引，②先進国間で追加的に温室効果ガス削減事業を行うことによる排出クレジット（排出権）の創出とその取引，③先進国が途上国に温室効果ガス削減事業を行うことによる排出クレジットの創出とその取引，の三つのタイプの排出量取引が規定されました（図 7.3）。

7.3 EU がはじめた気候変動対策手段としての本格的活用

京都議定書の採択後，EU は域内の共通炭素税の導入に取り組みましたが，新しい税の創出には必ずしも賛成でない国もあり，また，EU 域内の共通の新税の創設にはすべての国が合意しなければならないルールがあったこともあり，共通炭素税の導入は断念されました。

そのため，温室効果ガスの削減手段について，EU は次善の策として，経済学的には炭素税と同等の効果があると期待されていた排出量取引制度の導入に大きく舵を切りました。その背景には，EU の共通政策としての排出量取引制度の導入については，全会一致ではなく多数決で決められるというルールがあったことも指摘されています。なお，当初構想されていた域内共通炭素税は断念されましたが，炭素税そのものは，域内各国における気候変動

表 7.2　欧州排出量取引制度の経過

- 2005 年 1 月から，キャップ＆トレード型の域内排出量取引制度を開始。累次の改正を経て，EU 気候変動政策のフラッグシップとの位置づけ。
- EU 加盟国 28 か国に加え，欧州経済領域（EEA）参加の 3 か国（アイスランド，リヒテンシュタイン，ノルウェー）を加えた 31 か国が参加。2014 年時点の排出量は 18.7 億トンで EU 排出量の約 45%。
- 発電所，石油精製，製鉄，セメント等の大規模排出施設を対象。（2012 年からは航空部門も対象）
- 総排出枠（キャップ）は段階的に深掘り。

【第 1 期間】（2005～2007 年）－ Learning by doing の段階。パイロットフェーズ。
・各国が国別割当計画（NAP：National Allocation Plan）を策定。
・過去の排出実績に基づく無償割当（グランドファザリング）がほぼ 100%。

【第 2 期間】（2008～2012 年）－ 京都議定書第 1 約束期間に合わせ，本格稼働。
・対象国や部門を拡大。
・第 1 期間と同様，各国が NAP を策定。グランドファザリングが中心だが，ベンチマーク（生産量あたりの排出量指標）による無償割当や，オークションによる有償割当（3% 程度）も一部の国で導入。
・2009 年の景気低迷後，排出枠価格が下落。

【第 3 期間】（2013～2020 年）－ EU の 2020 年目標達成に向けて削減目標を設定。
・NAP 方式を廃止し，EU 全体でのキャップを設定。
・2020 年の総排出枠が 2005 年比▲21% となるよう，2010 年から毎年 1.74% 直線的に減少させる。
・発電部門を中心に，オークションによる有償割当を段階的に導入。配分方法や量は欧州委員会の定めるルールによる。
・2019 年からの「市場安定化リザーブ」導入など，排出枠余剰の状況を踏まえ，制度内容を改正。
・第 4 期間（2021～2030 年）に向けた議論も開始。

（出典）　環境省 HP を基に一部修正

税やエネルギー税として実現しています。

EU は準備期間を経て，2005 年から世界で初めて二酸化炭素を対象とする，大規模な排出量取引制度として「欧州連合排出量取引制度（EU-ETS）」（以下，欧州排出量取引制度という）を導入しました。同制度は，2005 年から 2007 年までを第 1 期間，2008 年から 2012 年までを第 2 期間と定め，それぞれの期間の終わりまでを達成期間とするキャップを一定規模以上の二酸化炭素排出源に設定しました（表 7.2）。

それぞれの国の具体的なキャップについては，それぞれの国の環境省などに委ねられ，政府と企業の間での協議によって定められました。また，第2期間が2008年から20012年に設定されていることからもわかるように，本制度は，京都議定書におけるEU全体として1990年比8%の温室効果ガス削減という目標を達成するための基幹的削減手段と目されていました。ただし，EU域内の国々は経済的にはかなり大きな格差が現実に存在しているため，この7%の削減目標は，バーデン・シェアリング協定により，より力の強い国はより大きい削減目標を担うことが合意されました。ちなみに，この協定により，ドイツの削減目標は，21%とされました。

そのため，ドイツの企業へのキャップはかなり厳しいものとなり，政府と企業との間で訴訟が提起されるなど，両者の関係は必ずしも良好とはいえないものでした。またドイツ以外の国々でも政府が定めるキャップについて多くの摩擦が生じましたが，EUはそのようなプロセスを経て国別の削減計画をとりまとめ，それをベースに欧州排出量取引市場において，二酸化炭素の排出クレジットが売買されるようになりました。

当初は，EU全体のキャップがある程度きちんとかかっているのではないかとの大方の予想を背景に，二酸化炭素排出クレジットの市場価格は比較的高めに推移し，2006年4月には1トン当たり31ユーロを記録しました。しかしながら，その後，各国のキャップが予想に反して緩く，排出枠の初期配分が過剰であったとの情報が流れ，一気に市場価格が暴落しました。その後さらに状況が明らかになるに従い，市場価格は引き続き下落し，2007年6月にはほぼゼロの水準まで落ち込みました（図7.4）。

そのため，EU当局は，2008年からの第2期間においては，より厳しいキャップを各国に要求し，その結果，第2期間に入ってから市場価格は持ち直し，1トン当たり25ユーロ程度まで価格が上昇しました。しかしながら，その後米国に端を発するリーマンショックが世界の景気を減速させ，EUもその影響を受けエネルギー消費の減少とともに二酸化炭素の排出も減少したことから，市場価格は低迷することとなりました。

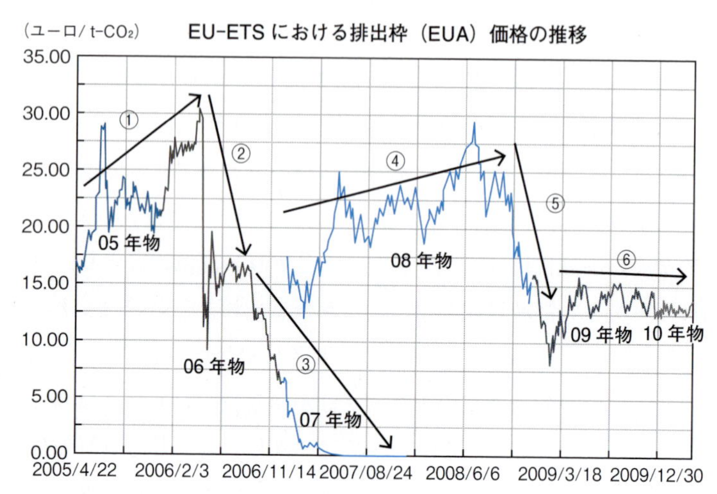

■EU-ETSの市場動向

① 原油価格等の上昇に伴い，投機的な需要が増大（05 年物）
② 05 年の排出量実績が判明し，排出枠の余剰が生ずることが明らかになったために急落（06 年物）
③ 第 1 期間の排出枠は第 2 期間に持ち越しできず，投売り発生（07 年物）
④ 第 2 期間は，制度が安定し，情報の共有も進んだため，安定化（08 年物）
⑤ 原油価格の急落と，金融危機による経済活動の低迷で，需要が急減（08 年物～09 年物）
⑥ 需要は低迷。価格は CDM クレジットと同水準で推移（09 年物～ 10 年物）

（資料） ECX 資料より環境省作成。
（出典） 環境省 HP

図 7.4　第 1 期間から第 2 期間における欧州排出量市場の価格推移

なお，欧州排出量取引制度は，一定規模以上の二酸化炭素排出施設を対象としているため，そのカバー率は，欧州における二酸化炭素全体の約半分程度となっています。そのため，この制度の対象とならない小規模な排出源等については，国内炭素税やエネルギー税などでカバーするなど，複数の政策手段により全体をカバーするという考え方がとられています。

欧州排出量取引制度は，現在，2013 年から 2020 年までの第 3 期間に入っ

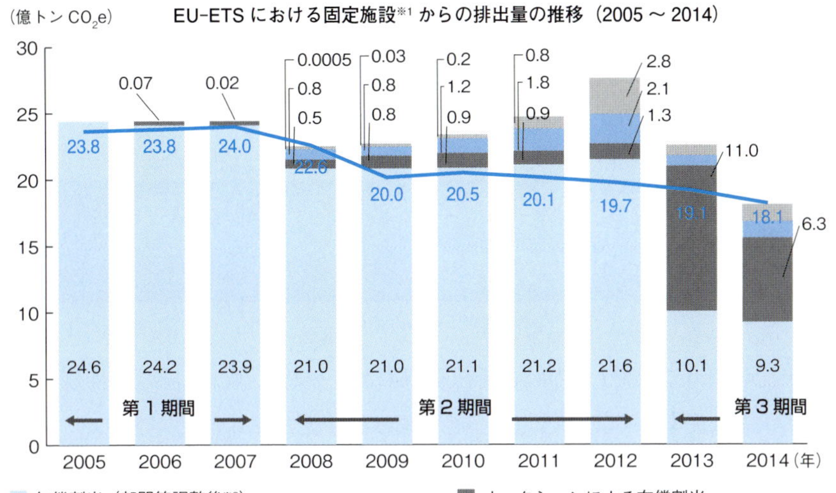

※1　発電・産業等の施設。
※2　2005 年の制度開始以降，対象部門等が拡大しているため，時系列での比較に適したように第 3 期間（2013 年～）の対象を，第 1・2 期間（2005～2012 年）に適用した場合の値を示している。
※3　第 3 期間のクレジット償却量については，データが非公開なためグラフ中に数値を記載していない。
（資料）European Environment Agency, 2015, Trends and projections in the EU ETS in 2015, p. 22.
（出典）環境省 HP

図 7.5　欧州排出量取引制度における固定施設からの排出量の推移

ていますが，ここでは，第 1 期間，第 2 期間の教訓を踏まえつつ，排出枠の配分を電力については有償（オークション）に移行し，その他の業種についても段階的にオークションの比率を高めていくこととしています（図 7.5 に第 1 期間からの排出量の推移を示しました）。また，これまで対象となっていなかった EU 発着の航空機からの二酸化炭素も制度の対象とするなど，制度の改善に努力が払われています。

欧州排出量取引制度については，排出クレジットの価格低迷を理由に，この制度は機能していないとの批判をする人もいますが，全体的に見たとき，この制度が存在する意義は大きく，今後，景気がさらに回復していく中で，欧州排出量取引制度が果たす役割は大きいものと筆者は考えています。

7.4 米国連邦政府における導入失敗と州レベルの成功

上記のような2005年の欧州排出量取引制度の導入は，米国の気候変動政策へ大きな影響を与えました。当時米国は共和党のジョージ・W・ブッシュ大統領の時代ですが，一部の共和党議員も含めて，EU型の排出量取引制度の創設についての機運が高まったのです。

米国では多くの法案が議員立法でつくられるのですが，異なる議員が立案するさまざまな法案同士の調整を経て，いくつか有力な法案が検討されました。これらの動きは，2008年の大統領選挙により，民主党のオバマ大統領が誕生したことにより，一気に加速するかと思われましたが，2008年9月に端を発したリーマンショックによる景気後退の影響が響き，また，一部企業を中心とした国内からの根強い反対もあり，連邦政府レベルでの排出量取引制度はこれまでのところ実現に至っていません。

しかしながら，米国においては，排出量取引制度は連邦政府レベルでは実現しませんでしたが，州レベルではすでに導入がなされているところがあります（図7.6）。

一つは，米国北東部諸州が2009年に導入した「北東部地域GHG削減イニシアティブ（RGGI）」です。これはニューヨーク州，マサチューセッツ州など米国北東部の9州が連携して創設したもので，二酸化炭素を排出する発電所が対象となっています。もう一つは，カリフォルニア州とカナダのケベック州が2013年から連携して行っている排出量取引制度です。この制度は，

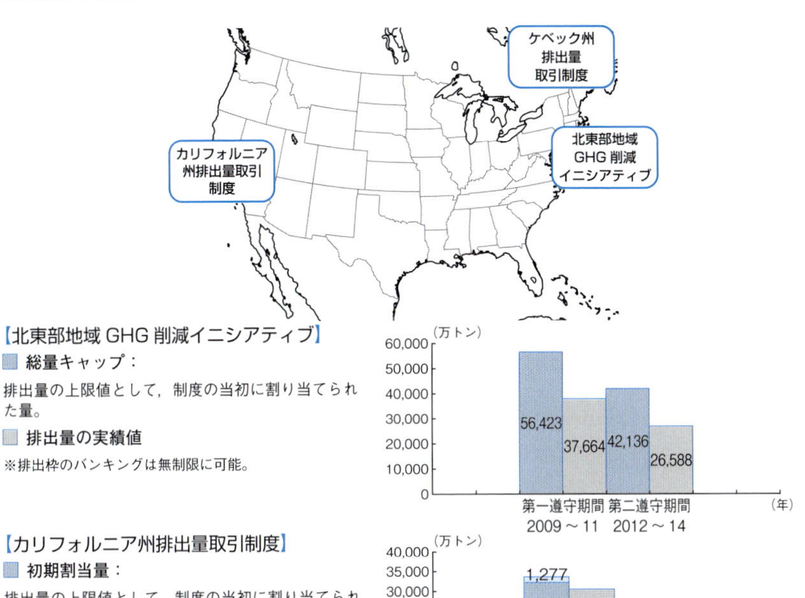

【北東部地域 GHG 削減イニシアティブ】

■ **総量キャップ：**

排出量の上限値として，制度の当初に割り当てられた量。

■ **排出量の実績値**

※排出枠のバンキングは無制限に可能。

(万トン)
40,000
35,000
30,000
25,000
20,000
15,000
10,000
5,000
0
1,277
32,250 30,398
第一遵守期間
2013～14
(年)

【カリフォルニア州排出量取引制度】

■ **初期割当量：**

排出量の上限値として，制度の当初に割り当てられた量。これに，水色の外部クレジットの量を上乗せしたものが実際の排出上限値となる。

□ **クレジット：**

償却に用いた外部クレジットの量。外部からクレジットを調達し，償却すると，その分排出枠が増大する。

■ **排出量の実績値**

※排出枠のバンキングは無制限に可能。　※クレジットは，カリフォルニア大気資源局（CARB）が認める事業（オゾン破壊物質事業，家畜事業，都市植林事業，米国森林事業，メタン回収事業）に対して発行されるオフセット・クレジット等が利用可能。

【ケベック州排出量取引制度】

■ **初期割当量：**

排出量の上限値として，制度の当初に割り当てられた量。これに，水色の外部クレジットの量を上乗せしたものが実際の排出上限値となる。

□ **クレジット：**

償却に用いた外部クレジットの量。外部からクレジットを調達し，償却すると，その分排出枠が増大する。

■ **排出量の実績値**

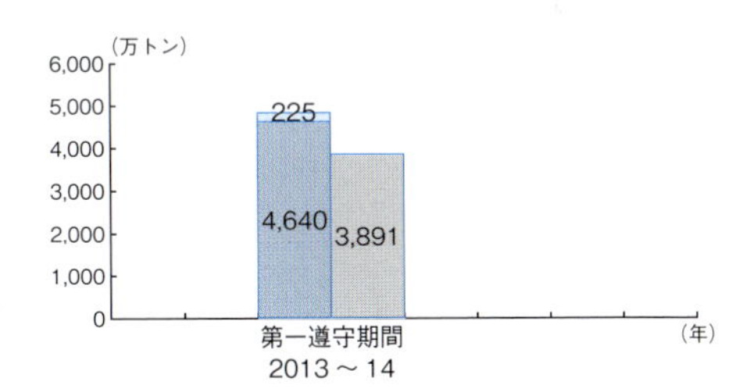

※排出枠のバンキングは無制限に可能。　※クレジットは，ケベック州持続可能な開発・環境・公園担当省が認める事業（オゾン破壊物質事業，家畜事業，メタン回収事業）に対して発行されるオフセット・クレジット等が利用可能。

（出典）　環境省 HP

図 7.6　北米の排出量取引制度

温室効果ガスを広く対象とし，発電所以外の排出源も対象とするなど，気候変動対策としてはより本格的なものとなっています。いずれの制度も創設以来，かなりの成果をあげていると評価されており，今後の発展が期待されています。

7.5　中国における排出量取引制度の導入

中国では，高い経済成長を背景に温室効果ガスの排出量が増大しており，現在は，米国を抜いて，世界一の温室効果ガスの排出国となっています（図

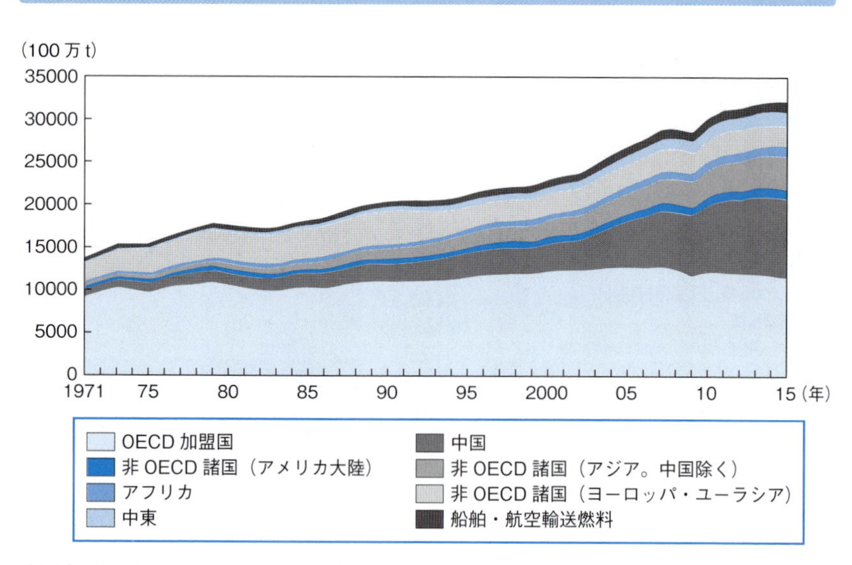

（出典）　IEA "Key World Energy Statistics 2017"

図7.7　世界各地域における燃料由来の二酸化炭素排出量の推移

表 7.3 世界地域の風力発電設備容量（上位 3 か国・全体）

（単位：MW（メガワット））

		2016 年まで	2017 年	合 計
アフリカ・中東	南アフリカ	1,473	621	2,094
	エジプト	810	—	810
	モロッコ	787	—	787
	全 体	3,917	621	4,538
アジア	中 国	168,737	19,500	188,232
	インド	28,700	4,148	32,848
	日 本	3,230	177	3,400
	全 体	204,104	24,447	228,542
欧 州	ドイツ	50,019	6,518	56,132
	スペイン	23,075	96	23,170
	イギリス	14,602	4,270	18,872
	全 体	161,891	16,845	178,096
	（うち EU）	154,279	15,680	169,319
南米・カリブ海	ブラジル	10,741	2,022	12,763
	チ リ	1,424	116	1,540
	ウルグアイ	1,210	295	1,505
	全 体	15,312	2,578	17,891
北 米	米 国	82,060	7,017	89,077
	カナダ	11,898	341	12,239
	メキシコ	3,527	478	4,005
	全 体	97,485	7,836	105,321
大洋州	オーストラリア	4,312	245	4,557
	ニュージーランド	623	—	623
	太平洋諸島	13	—	13
	全 体	4,948	245	5,193
世 界	全 体	487,657	52,573	539,581

（出典） GWEC “Global statistics 2017”

7.7）。中国はこれまで，中国の 1 人当たりの経済水準は先進国よりもまだかなり低いことなどを理由に，温室効果ガスの削減には必ずしも積極的ではありませんでした。しかしながら，EU が気候変動対策は経済発展と両立するとの考えを示し，かつ，実践していることにも影響され，また，効率の悪

表 7.4　中国における排出量取引パイロット事業の概要（2015 年度）

		北京市	上海市	広東省	湖北省	深圳市	天津市	重慶市
取引開始日		2013 年 11 月 28 日	2013 年 11 月 26 日	2013 年 12 月 19 日	2014 年 4 月 2 日	2013 年 6 月 18 日	2013 年 12 月 26 日	2014 年 6 月 19 日
対象者	単位	事業者単位						
対象者	要件	●年間 CO_2 排出量 1 万 t-CO_2 以上の事業者	【工業部門】 ●年間 CO_2 排出量 2 万 t-CO_2 以上の事業者 【非工業部門】 ●年間 CO_2 排出量 1 万 t-CO_2 以上の事業者 （2010～11年における任意の年間排出量）	【産業部門】 ●年間 CO_2 排出量 1 万 t-CO_2 以上の事業者 【業務部門】 ●年間 CO_2 排出量 5 千 t-CO_2 以上の事業者	●年間エネルギー消費量6 万 t(標準炭換算）以上の事業者 （2010～11年における任意の年間エネルギー消費量）	【産業部門】 ●年間 CO_2 排出量 3 千 t-CO_2 以上の事業者 【業務部門】 ●床面積 2 万 m^2 以上の大型公共ビル ●床面積 1 万 m^2 以上の国家機関ビル	●年間 CO_2 排出量 2 万 t-CO_2 以上の事業者 （2009年以降の任意の年間排出量）	●年間 CO_2 排出量 2 万 t-CO_2 以上の工業企業 （2008～12年における任意の年間排出量）
対象ガス		CO_2	CO_2	CO_2	CO_2（今後拡大）	CO_2	CO_2	GHG6 ガス
対象期間		取引開始日～2015 年度（2016 年 4 月以降も継続中）						
目標種別		排出総量の上限を絶対量のキャップで設定						
削減水準（2011 ～ 15 年の省・市の目標）		地域総生産当たり原単位18%削減	地域総生産当たり原単位19%削減	地域総生産当たり原単位19.5%削減	地域総生産当たり原単位17%削減	地域総生産当たり原単位21%削減	地域総生産当たり原単位19%削減	地域総生産当たり原単位17%削減

（出典）　環境省 HP

いエネルギーシステムは，将来の中国の経済発展にも悪影響があるとの認識もあり，近年ではエネルギー効率の改善や再生可能エネルギーの導入などにも力を入れてきています。その伸びは著しく，2017 年の風力発電の設備容量は世界一となっています（表 7.3）。

そのような動きの中，2011 年には第 12 次五か年計画において，炭素排出取引市場を逐次確立する等の計画が明記され，2013 年からは北京市などで排出量取引のパイロット事業が開始されました（表 7.4）。次いで中国の国家発展委員会は，2015 年の米中首脳会談後に 2017 年から全国排出量取引制度を開始するとの計画を表明し，次いで2017年12月に，中国政府は電力会社を対象に国レベルの排出量取引市場を設立したことを発表しました。

本制度は，当初は一定規模以上のエネルギー消費事業者が対象となることが検討されていましたが，開始にあたっては，当面，電力会社に限ることとなりました。排出量取引制度の要となる排出量の正確な把握をはじめ，多くの課題もありますが，全体的には，欧州排出量取引制度をかなり参考にした制度となっており，その成果が注目されます。

7.6 日本政府の導入断念と東京都における導入

2005年の欧州排出量取引制度導入は，日本においても大きな影響をもたらしました。特に，民主党は，かねてより選挙公約に排出量取引制度の導入を掲げていたのですが，2009年の総選挙での政権交代を受けて，まずは，大きな課題であった気候変動問題について，排出量取引制度を法案成立後1年以内に導入することを明記した「地球温暖化対策基本法案」を作成し，2010年に国会に提出しました。

しかしながら，同法案は，産業界の強い反対を背景に，野党自民党との間で対立法案となり，継続審議が繰り返され，成立が難しい状況が続きました。また，2011年には東日本大震災が発生し，原子力発電所が停止したことも影響してさらに成立が難しくなり，2012年に衆議院の解散に伴い廃案となりました。それに伴い，同時並行して環境省を中心に政府部内で作成が進められてきた排出量取引に関する法案の作業も凍結されることとなりました。

民主党による政権交代の直後は，衆議院，参議院ともに民主党を含む与党の議席が過半数を超えていたこともあり，日本における本格的な排出量取引制度の導入は，ほぼ確実と思われていたのですが，その後の参議院で与党が過半数を割ったこともあり，法案審議が一転して難航したという経緯もあ

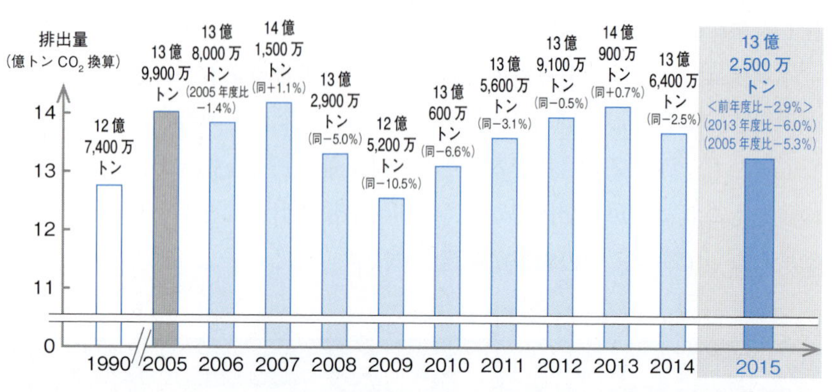

（注） 1.「確報値」とは，我が国の温室効果ガスの排出・吸収目録として気候変動に関する国際連合枠組条約（以下「条約」という。）事務局に正式に提出する値という意味である。今後，各種統計データの年報値の修正，算定方法の見直し等により，今回とりまとめた確報値が再計算される場合がある。

2. 今回とりまとめた排出量は，より正確に算定できるよう一部の算定方法について更なる見直しを行ったこと，2015年度速報値（2016年12月6日公表）の算定以降に利用可能となった各種統計等の年報値に基づき排出量の再計算を行ったことにより，2015年度速報値との間で差異が生じている。

3. 各年度の排出量及び過年度からの増減割合（「2005年度比」等）には，京都議定書に基づく吸収源活動による吸収量は加味していない。

（出典） 環境省 HP

図 7.8 日本の温室効果ガス排出量の推移

りました。

その一方，2012年には，ごく低率課税ではあるものの「地球温暖化対策のための税」が導入され，さらに再生可能エネルギーの導入のための固定価格買取制度が導入されたのですが，国レベルでの排出量取引制度は導入されることなく今日に至っています。また，京都議定書のあとの気候変動対策にかかる国際枠組みとしては，2020年からスタートするパリ協定が，難航の末2015年にようやく合意されました。この間，日本における温室効果ガス排出量の推移を見ると，図 7.8 のように，2008年からのリーマンショック

分　類	要　件
指定地球温暖化対策事業所	前年度の燃料，熱，電気の使用量が原油換算で年間合計 1,500kL 以上となった事業所
特定地球温暖化対策事業所	3 か年度（年度の途中から使用開始された年度を除く。）連続して，燃料，熱，電気の使用量が原油換算で年間合計 1,500kL 以上となった事業所
指定相当地球温暖化対策事業所	前年度の燃料，熱，電気の使用量が原油換算で年間合計 1,500kL 以上となった事業所で中小企業等が 1 / 2 以上所有している事業所

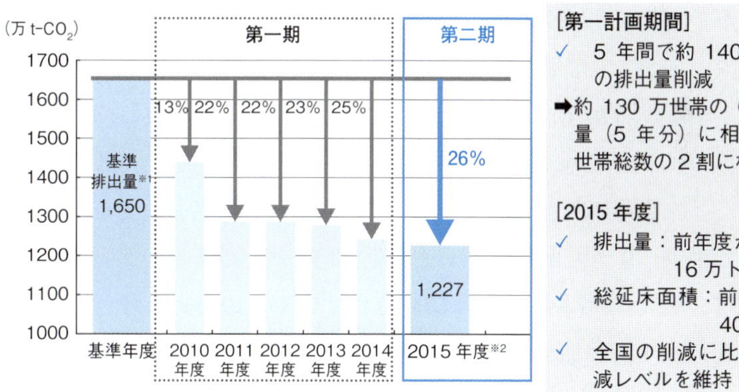

※1　基準排出量とは，事業所が選択した 2002 年度から 2007 年度までのいずれか連続する 3 か年度排出量の平均値。
※2　2017 年 2 月 3 日時点の集計値（電気等の排出係数は第二期の値で算定）。
（出典）　東京都環境局 HP

図 7.9　東京都の排出量取引の実績

の影響による大幅な落ち込みのあと，2013 年まで排出量は再び上昇に転じましたが，2014 年，2015 年にはやや下降に転じています。しかしながら，このような排出量の削減は，電力の二酸化炭素排出原単位の改善（再生可能エネルギーの導入拡大や原発の再稼働等），電力消費量の減少（省エネ，冷夏・暖冬）によるものですが，今後必要とされる中長期の大幅な温室効果ガスの削減という観点からは，その時々の景気の状況や気候の影響，さらには原発の稼働状況などに左右される面があり，いずれ，排出量取引制度のような，市場にベースを置いた本格的な排出削減手段の導入が必要となってくるものと考えられます。

一方，東京都は，当時の石原慎太郎知事のもと，2002年には「地球温暖化対策計画書制度」を開始し2007年には「東京都気候変動対策方針」を策定し，その中で大規模事業所を対象に二酸化炭素の削減義務を課すとともに排出量取引制度を導入することを明らかにしました。この制度については，国の制度が予定どおりには進まなかったこともあり，産業界からも強い反対があったのですが，地球温暖化対策計画制度を通じて集めた多くのデータも示しつつ丁寧な説明を行い，最終的に同制度は東京都の条例として可決成立し，2010年から開始されました。東京都の制度は，主として大規模なオフィスビルなどの業務部門が対象となるなど，欧州排出量取引制度とは構造が異なるのですが，きちんとしたキャップが設定されているという面で，排出量取引制度としての基本的な条件は満たしているものといえます。図7.9は，東京都の第1計画期間（2010～2014年度）以降の排出量取引の実績を示したものです。

また，東京都の隣にある埼玉県では，都の制度とも連携をとりつつ，2011年から目標設定型排出量取引制度を開始しています。

7.7 本章のまとめ

排出量取引制度は，環境税と並んで現在，気候変動政策にかかる温室効果ガス排出削減の有力な政策手段となってきています（表7.5。表7.6に世界の炭素市場の状況を示しました）。もともとは，米国における酸性雨対策として初めて本格的に環境政策として導入されたのですが，京都議定書における導入，EUにおける導入を経て現在は中国でも導入されることが決まっ

表 7.5 世界の主な排出量取引制度の概要

制度	単位	主な対象者の要件	対象ガス	開始年
欧州排出量取引制度（EUETS）	設備（固定施設） フライト（航空部門）	【固定施設】 熱入力 2 万 kW 超の燃焼設備 【航空部門】 欧州域内のフライト	CO_2, N_2O（化学, 2013 年〜）, PFCs（アルミ, 2013 年〜）	設備：2005年 航空：2012年
英国 CRC エネルギー効率化制度	組織	【強制参加者】 中央政府機関等, 所轄大臣が参加を義務付ける公的機関 【適格参加者】 特定の測定器に供給された電力が年間 6,000MWh 以上となる場合	電力・ガスからの CO_2	2010年
米国 北東部地域 GHG 削減イニシアティブ（RGGI）	設備	設備容量 2.5 万 kW 以上の化石燃料発電設備	CO_2	2009年
カリフォルニア州排出量取引制度	事業者	GHG 排出量年間 25,000 トン以上（自主的参加も可能）	CO_2, CH_4, N_2O, SF_6, HFCs, PFCs, NF_3 及びその他 F-GHG	2013年
ケベック州排出量取引制度	事業者	GHG 排出量年間 25,000 トン以上	CO_2, CH_4, N_2O, HFCs, PFCs, SF_6, NF_3	2013年
中国排出量取引制度（パイロット・北京市の場合）	事業者	排出量 10,000 トン以上	CO_2	2013年
中国排出量取引制度（全国 ETS）	事業者	エネルギー消費量標準炭換算 1 万トン以上	CO_2, CH_4, N_2O, HFCs, PFCs, SF_6 及び NF3	2017年
韓国排出量取引制度	事業者	最近 3 年間の平均排出量が ・125,000 トン以上の事業者 ・25,000 トン以上の事業所を有する事業者	CO_2, CH_4, N_2O, HCFs, PFCs, SF_6	2015年
豪州温室効果ガス排出削減基金制度のセーフガード措置	施設	年間 100,000 トン以上の直接排出（Scope1）が発生する施設	CO_2, CH_4, N_2O, SF_6, HFCs, PFCs	2016年
ニュージーランド排出量取引制度（NZ-ETS）	事業者	●液体化石燃料部門：50,000 リットル以上の輸入／精製者 ●エネルギー部門：年 2,000t 以上の石炭輸入者・採掘者等	CO_2, CH_4, N_2O, HFCs, PFCs, SF_6	2008年
東京都温室効果ガス排出総量削減義務と排出量取引制度	事業所	3 か年連続して燃料・熱・電気の使用量が原油換算で 1,500 kl/年以上	エネルギー起源 CO_2	2010年
埼玉県目標設定型排出量取引制度	事業所	原油換算した使用エネルギーが 3 年間連続で 1,500kl 以上	エネルギー起源 CO_2	2011年

（出典） 環境省 HP

表 7.6　世界の炭素市場の状況（取引量と取引額）

	2008年（$1=103円*）		2009年（$1=94円*）		2010年（$1=88円*）		2011年（$1=82円**）	
全体※	48億トン	13兆9050億円（1350億ドル）	87億トン	13兆5078億円（1437億ドル）	88億トン	14兆0008億円（1591億ドル）	103億トン	14兆4320億円（1760億ドル）
EU-ETS（EUA）	31億トン	10兆3515億円（1005億ドル）	63億トン	11兆1390億円（1185億ドル）	68億トン	11兆7568億円（1336億ドル）	79億トン	12兆1196億円（1478億ドル）
Primary CDM（pCER）	4億トン	6695億円（65億ドル）	2.1億トン	2538億円（27億ドル）	2.2億トン	2376億円（27億ドル）	2.6億トン	2460億円（30億ドル）
Secondary CDM（sCER）	11億トン	2兆7089億円（263億ドル）	11億トン	1兆6450億円（175億ドル）	13億トン	1兆8040億円（205億ドル）	17億トン	1兆8286億円（223億ドル）
自主的市場	0.6億トン	381億円（4.2億ドル）	0.5億トン	329億円（3.4億ドル）	0.7億トン	361億円（4.1億ドル）	0.9億トン	467億円（5.7億ドル）

*：平成 23 年度年次経済財政報告「長期経済統計」より。
**：同速報値より。
※：AAU，RGGI 等含む。
（資料）　世界銀行「State and Trends of the Carbon Market 2010 及び 2012」
（出典）　環境省 HP

ています。一方，米国や日本では国レベルの導入は未だなされていませんが，東部諸州や東京都といった地方政府レベルでの導入が行われています。

排出量取引制度は，排出限度が設定できる一方で，市場におけるクレジット価格が景気の動向等に左右されるという特徴もあり，時として企業にとって難しい対応を迫られる面があることから批判されることもあるのですが，気候変動問題においては，最も重要な要素である温室効果ガスの総量のコントロールという観点からは，経済との折り合いをつける上でもきわめて重要な制度であるといえます。

練習問題

7.1　EU では 2005 年から欧州排出量取引制度が導入されましたが，日本では，国レベルでの導入はまだなされていません。その理由として何があげられるかを考え，議論してみましょう。

7.2 米国では，酸性雨対策として，国レベルでの排出量取引制度が導入されました。一方で気候変動対策としての排出量取引制度は，検討されたものの導入は見送られました。このような違いが生じた理由について調べてみましょう。

コラム 欧州排出量取引制度の対象となった欧州企業の現地調査

2005年から京都大学の経済研究所の先端政策分析研究センターにおいて環境政策分野の調査研究のために勤務することとなった筆者にとって，温室効果ガスの削減手法として，世界で初めて本格的な排出量取引制度が導入された欧州で，その対象となった企業が具体的にどのような行動をとっているかということは，大きな関心事項でした。

しかしながら，関連の資料を調べてみてもそのような報告はほとんど見当たらなかったこともあり，自分たちで調査チームを作り現地調査を行おうということになりました。ただ，これまでそのような海外の企業についての調査を行った経験もなく，特段の伝手もなかったことから，まずは制度の対象となり，二酸化炭素排出のキャップが設定されている企業に手紙を出し，インタビューに応じてもらえるかを問い合わせようと考えました。その際に，調べて驚いたことは，同制度の対象となっている施設や企業については，すべてインターネット上に情報が公開されていることでした。それぞれの施設にどのようなキャップがかかっているか，会社名，所在地はどこか，そして担当者は誰かということまで調べることができたのです。これは調査の大きな助けとなりました。

この情報をもとに，まずは，どの国のどの都市を中心に調査を行うかを決め，そこから行けそうな範囲の企業を100企業ほど拾い出し，担当者あてに手紙を送りました。この欧州の企業調査はその後2007年から20011年まで5か年にわたって行われることとなり，訪問した国も英国，ベルギー，ドイツ，デンマークなど7か国にわたりましたが，例年，返事をくれる会社は3，4社程度でした。一見，返答率は低いように見えるかもしれませんが，おそらくは内外からの多くのアプローチがある中で，何の紹介もなしに，日本の大学からのインタビューを受けてくれる企業があるということは，正直驚きましたし本当に有難いことでした。

本コラムでは，そのインタビューの内容について詳しく述べる余裕はありませんが，一例だけ，ポーランドのアスファルト製造企業で聞いた話をご紹介したいと思います。

この企業は，1年を通してアスファルトの製造を行っており，それなりにエネルギーも使い，二酸化炭素も排出していました。そこに，欧州排出量取引制度の導入に伴い，この企業の工場にも排出削減のキャップがかかってきたのです。インタビューに応じてくれたこの企業の社長さんは，正直大変困ったそうです。アスファルトの製造自体は比較的単純な工程であるので，どうすれば売り上げを落とさずに二酸化炭素を削減すればよいのか当初，全く見当がつかなかったそうです。

それでも仕方なく，まずは現状把握ということでこの工場のどの工程でエネルギーを使い，どれほど二酸化炭素が出ているかを徹底的に調べたそうです。その結果，外の気温が高い夏場はアスファルト製造量当たりのエネルギー使用が少なく，冬場はその逆であるということがわかり，それでは夏場に生産量を多くして，冬場は少なくすることにしたところ，エネルギー使用量も二酸化炭素の排出量も下がりキャップ分の削減は費用をかけずに実現したのです。社長さんいわく，「欧州排出量取引制度がなければ，このような検討や対応をすることもなかっただろう」，とのことで，制度の有する大きな効果を感じた次第です。

第8章

固定価格買取制度の環境政策への導入

本章では，近年，再生可能エネルギー導入にかかる主力政策として効果を発揮している固定価格買取制度について，ドイツと日本の事例を紹介します。

○ *KEY WORDS* ○

再生可能エネルギーの導入，
ドイツの再生可能エネルギー法，
エネルギー・コンセプト，
グリッドパリティー，FIT法

8.1 ドイツの固定価格買取制度導入の背景

ドイツでは，1998年に総選挙の結果を受けて，社会民主党と緑の党の連立内閣が発足し，それ以降，急速に再生可能エネルギーの導入が本格化しました。それを政策的に支えたのが，2000年にスタートした，再生可能エネルギーにかかる固定価格買取制度です。この制度は，再生可能エネルギー法（EEG）という法律に根拠を持ち，そこでは，電力消費における再生可能エネルギーの比率を2020年に35%，2030年に50%，2040年に65%，2050年に80%に引き上げることが明記されています。また，2000年には政府と電力会社との間で脱原発合意がなされています。

ドイツの再生可能エネルギーの導入が急速に進んだ背景としては，EUに

表 8.1　ドイツのエネルギー関連目標

目　標	2020年	2030年	2040年	2050年
温室効果ガス削減（1990年比）	40%削減	55%削減	70%削減	80〜95%削減
再生可能エネルギー比率（最終エネルギー消費）	18%	30%	45%	60%
再生可能エネルギー電力比率	35%	50%	65%	80%
1次エネルギー削減率（2008年比）	20%	年率2.1%で改善		50%
電力消費削減率（2008年比）	10%			25%

（資料）　ドイツ連邦政府「エネルギーコンセプト」（2010年）
（出典）　環境省HP

おける電力自由化の動きがあったこと，1986 年に起こったチェルノブイリ発電所事故の影響なども指摘されます。また，2005 年から始まった欧州排出量取引制度も二酸化炭素の排出を抑制するという面で，再生可能エネルギー普及の基盤となる役割を果たしました。

2005 年には総選挙で，再びキリスト教民主同盟が第一党になり，メルケル首相が率いる連立政権（キリスト教民主・社会同盟と社会民主党）となりましたが，国民の強い支持のもと，脱原発と再生可能エネルギーの導入の流れは変わりませんでした。ドイツ政府は 2010 年に，今後 40 年間のエネルギー改革の政策をとりまとめた「エネルギー・コンセプト」という長期政策シナリオを国民に示しました（表 8.1）。そこでは，その時点でまだ主力の電源である化石燃料発電や原子力発電を再生可能エネルギーに変換していくことが，環境保全の面のみならず，ドイツ経済とエネルギーの安全保障を確保する上で重要であることが強調されています。

8.2 ドイツの固定価格買取制度の内容

第 5 章でも説明したように，固定価格買取制度は，そのまま市場に任せておいたのでは普及が見込めない再生可能エネルギーを，法律的な枠組みを定めて政策的な買取価格を設定するものです。その際，その価格の設定にあたっては，導入目標の設定が一つの重要な目安となりますので，ドイツでは，長期的な導入目標が法律で明確に定められています。

また，買取期間は 20 年と定められており，その間は買取価格が固定されるので，その間の売電収入を計算することが可能となります。送電，配電事業者は，再生エネルギー電力を法定の固定価格で買い取る義務があり，また，既存の電源に優先して電力系統に接続することが義務づけられています。

買取価格の決定については，政府がたたき台を作成し，国会で審議をして決定することとし透明性を確保しています。買取価格の水準については，銀行の借り入れ金利を考慮しても，一定の投資収益性を確保できることを前提にしており，その他発電に必要なすべての経費を差し引いても預金金利より高い収益を出せる水準に設定しました。これにより，一般家庭や農家の人々が，銀行からお金を借りてでも太陽光パネルや風車の設置を行うことが可能となりました。

一方で，再生可能エネルギーの買取費用（EEG賦課金）は，電気料金に上乗せされます。そのため電気を使用する消費者や企業は，電力料金の一部として上乗せ分に要する費用を負担することとなります（図8.1）。これは，電気料金の値上げになりますので，再生可能エネルギーの供給者にならない消費者や企業にとっては負担感が増すことになります。特に，国際競争にさらされている企業にとっては，電力コストの増大は大きな問題となることから，ドイツでは，その負担を軽減するため，エネルギー多消費産業には電気料金の上乗せ分を免除し，一般家庭により多く負担をさせましたが，これは不公平ではないかとの批判を招きました。

買取価格の水準については，定期的に引き下げる仕組みになっています。これは，再生可能エネルギーの大量普及に伴い，技術等が進歩し導入・運用コストが下がってくること，また，そのような仕組みを予め明示しておくことで早めの投資インセンティブとなることを勘案したものです（図8.2）。政府は，再生可能エネルギー導入目標や費用の動向等を見ながら，必要な投資が再生可能エネルギーになされるよう，価格をコントロールする仕組みとなっています。

なお，ドイツにおいては，再生可能エネルギー発電の立地が既存の送電網から外れている場合，その間の送電網の整備は送電・配電業者が行うことが義務づけられています。ただし，その費用は送電料金として広く電力料金に上乗せすることができます。

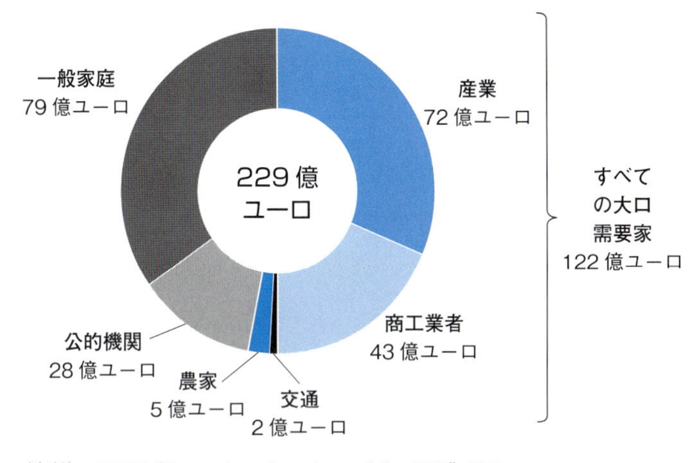

（資料） BDEW "Erneuerbare Energien und das EEG", 2017
（出典） 環境省 HP

図 8.1 EEG 賦課金の負担内訳

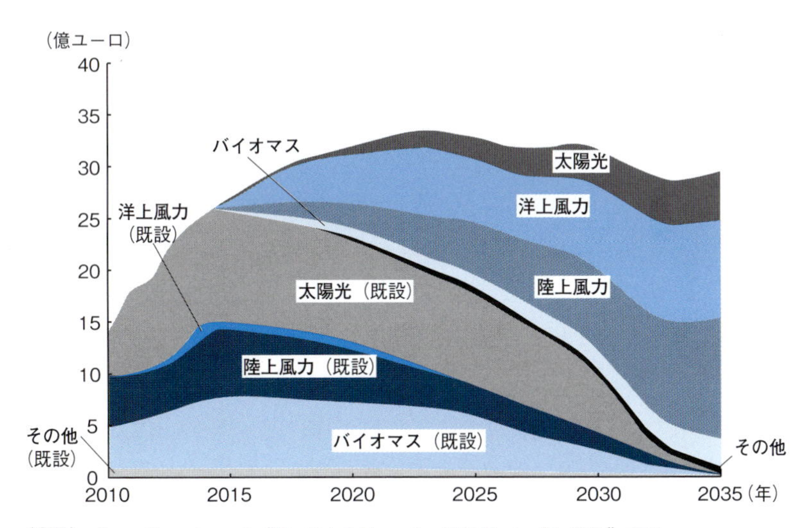

（資料） Agora Energiewende "Die Entwicklung der EEG-Kosten bis 2035", 2015
（出典） 環境省 HP

図 8.2 賦課金額の推移予測（2010〜2035 年）

8.3 ドイツの再生可能エネルギーの普及と今後の見通し

固定価格買取制度を背景とした再生可能エネルギーの急速な普及により（図 8.3），ドイツにおける総発電量に対する再生可能エネルギー割合は，2000 年に 6.6％ だったものが，2017 年には 33.1％ にまで上昇しています（図 8.4）。

これに伴い，固定価格による再生可能エネルギーの買取総額が上昇し，特に，企業に比べて一般家庭の電力料金が上昇したことに不満が高まり，また，送配電網の整備が追い付かず，余剰電力が周辺国に流れ込むなどの課題が生じたこともあり，政府は 2014 年に電力法を改正し，固定価格買取制度の手直しを行いました。これにより，これまで過剰だった再生可能エネルギーの補助金を見直し，再生可能エネルギーの普及速度をよりきめ細かくコントロールするとともに，企業の電力料金上乗せ分免除の措置は，その措置が不可欠なもののみに限定して，より薄く広く企業や一般家庭に負担させるなど，コスト面からの合理化を図りました。

また，固定価格買取制度などにより，再生可能エネルギーそのもののコストが下がってきたことを踏まえ，2014 年以降，段階的に大規模な再生可能エネルギー設備の新設・運用業者に対しては，固定価格の買取をせず，電力市場で直接販売することを義務づけることとしました。この措置の背景には，再生可能エネルギーの普及とコストの低減により，当初開きがあった再生可能エネルギーの買取価格が，電力の卸価格平均に達しつつあり，再生可能エネルギーが他の電源に対し価格競争力を持つ段階に入ってきていることがあります。これをグリッドパリティーといいます。ドイツでは，20 年には再生可能エネルギー電力全体でグリッドパリティーを達成するとの目標を設定しており，買取総額は，23 年頃にピークを迎えますが，以後低下する見通しとなっています。

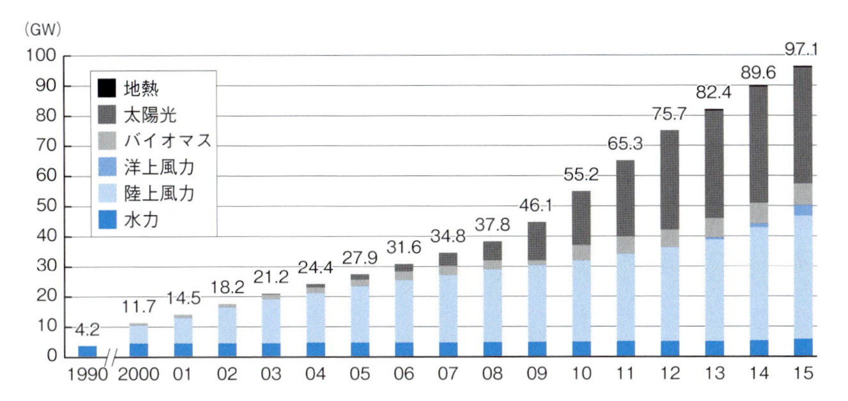

（資料）　連邦経済エネルギー省「Erneuerbare Energien in Zahlen」2016 年
（出典）　環境省 HP

図 8.3　再エネ発電設備の容量の推移（1990〜2015 年）

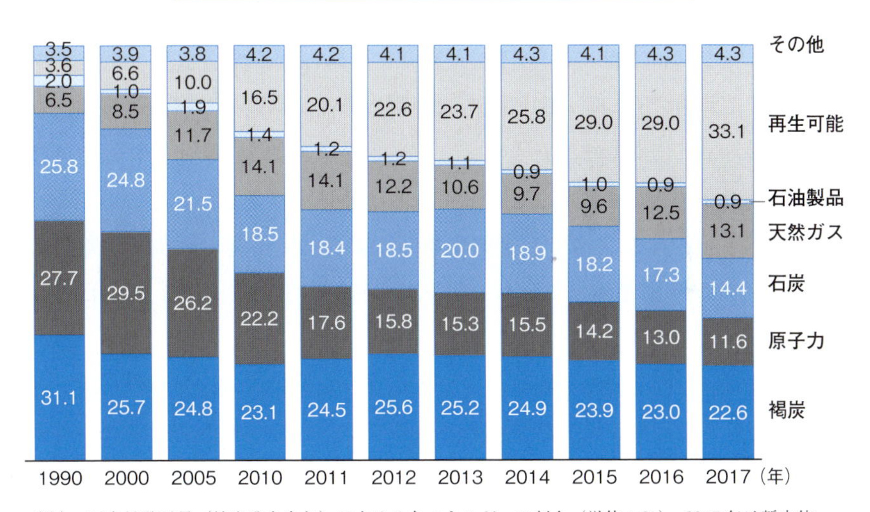

（注）　国内総発電量（輸出分を含む）に占める各エネルギーの割合（単位：%）。2017 年は暫定値。
（資料）　Arbeitsgemeinschaft Energiebilanzen e.V "Bruttostromerzeugung in Deutschland ab 1990 nach Energieträgern", 2017. 12. 21
（出典）　ドレスデン情報ファイル

図 8.4　ドイツの電源構成の推移

8.4　日本の固定価格買取制度の背景

日本では，再生可能エネルギーによる電力の導入促進のため，2003年から電気事業による新エネルギー等の利用に関する特別措置法（RPS法）が実施されてきました。これは，電力事業者に毎年販売電力量の一定割合以上を新エネルギー（風力，太陽光，地熱，中小水力，バイオマス）による電気を利用するように義務づけるものです。また，一般家庭に対しては，太陽光パネルの設置に対して一定の補助金が支給されたこともありました。

しかしながら，これらの措置は，市場経済の中における既存電力と比べて，経済的な優位性がほとんどなかったこともあり，再生可能エネルギーによる電力の普及という意味ではほとんど成果をあげてきませんでした。

そのような中，2011年に東日本大震災と福島の原子力発電所の事故があり，日本においても，原子力に頼らない再生可能エネルギー普及の重要性が認識されるようになりました。また，ドイツ等において，一足先に固定価格買取制度が導入されていたことも知られるようになりました。そのような状況の中で，2012年に日本でも電気事業者による再生可能エネルギー電気の調達に関する特別措置法（通称：FIT法）が導入されました。図8.5は，FIT法導入当時の説明資料の一部です。

日本において固定価格買取制度の導入が遅れた背景には，早くから政府と電力事業者との間で脱原発合意がなされるなど，二酸化炭素を出さない将来の電力源としては，再生可能エネルギーを主力の電源として位置づけていたドイツと，二酸化炭素を出さない将来の電力源としては，原子力発電を主力の電源として位置づけていた日本との違いがあります。ただし，いずれにしても，これまでなかなか普及が進まなかった再生可能エネルギーの普及という観点からは，この制度が日本においても導入された意義は大きいものがあります。

「太陽光」「風力」「水力」「地熱」「バイオマス」の 5 つのいずれかを使い，国が定める要件を満たす設備を設置して，新たに発電を始められる方が対象です。発電した電気は全量が買取対象になりますが，住宅用など 10kW 未満の太陽光の場合は，自分で消費した後の余剰分が買取対象となります。

■ 各エネルギーの特徴

太陽光発電

太陽の光エネルギーを太陽電池で直接電気に換えるシステム。家庭用から大規模発電用まで導入は広がっています。

〈メリット〉
- 相対的にメンテナンスが簡易。
- 非常用電源としても利用可能。

〈課題〉
天候により発電出力が左右される。一定地域に集中すると，配電系統の電圧上昇につながり，対策に費用が必要となる。

風力発電

風のチカラで風車を回し，その回転運動を発電機に伝えて電気を起こします。ウインドファームのような大型のものから，学校などの公共施設に設置される小型のものもあります。

〈メリット〉
- 大規模に開発した場合，コストが火力，水力並に抑えられる。
- 風さえあれば，昼夜を問わず発電できる。

〈課題〉
広い平地が必要。また，風況の良い適地が北海道と東北に集中しているため，広域での連系についても検討が必要。

水力発電

水力発電はダムなどの落差を活用して水を落下させ，その際のエネルギーを用いて発電します。現在では農業用水路や小さな河川でも発電できる中小規模のタイプが注目されています。

〈メリット〉
- 安定した信頼性の高い電源。
- 中小規模タイプは分散型電源としてのポテンシャルが高く，多くの未開発地点が残っている。

〈課題〉
中小規模タイプは相対的にコストが高く，水利権の調整も必要。

地熱発電

地下に蓄えられた地熱エネルギーを蒸気や熱水などで取り出し，タービンを回して発電します。使用した蒸気は水にして，還元井で地中深くに戻されます。日本は火山国で，世界第 3 位の豊富な資源があります。

〈メリット〉
- 出力が安定しており，大規模開発が可能。
- 昼夜を問わず 24 時間稼働。

〈課題〉
開発期間が 10 年程度と長く，開発費用も高額。また，温泉，公園施設などと開発地域が重なるため，地元との調整が必要。

バイオマス発電

動植物などの生物資源（バイオマス）をエネルギー源にして発電します。建築廃材，農業残さ，食品廃棄物など様々な資源をエネルギーに変換します。

〈メリット〉
- 資源の有効活用で廃棄物の削減に貢献。
- 天候などに左右されにくい。

〈課題〉
原料の安定供給の確保や，原料の収集，運搬，管理にコストがかかる。

（出典） 資源エネルギー庁 HP

図 8.5　固定価格買取制度の仕組みの説明資料（2012 年）

8.5 日本の固定価格買取制度の内容

日本の固定価格買取制度も，太陽光発電や風力発電による再生可能エネルギーを電力会社が固定価格で買い取り，その費用はその他の電力料金に上乗せするという仕組みの大枠はドイツと同様ですが，細かく見ていくと，かなりの相違も見受けられます。

まず，再生可能エネルギーの導入目標の設定ですが，日本ではパリ協定の合意に関連して2030年の導入目標が政府で定められています（図8.6，図8.7。参考に，パリ協定における温室効果ガス削減目標を表8.2に掲げま

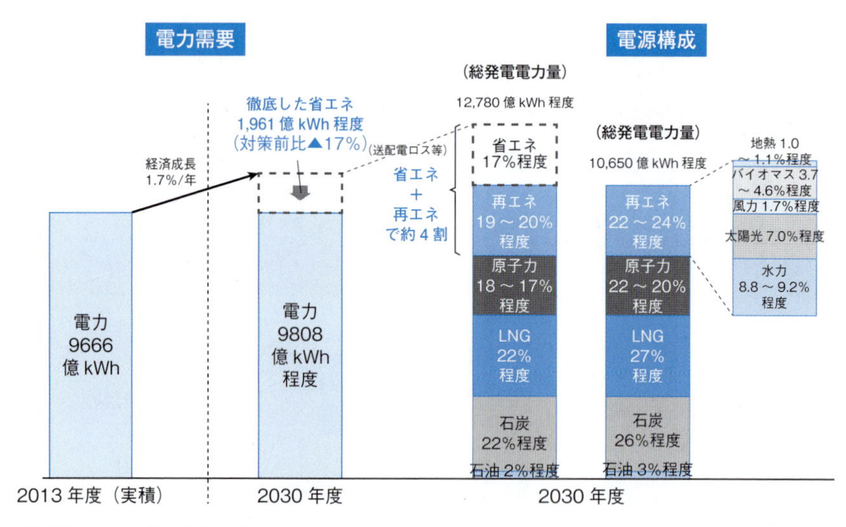

（出典） エネルギー白書 2016

図 8.6 2030 年度の電源構成の見通し

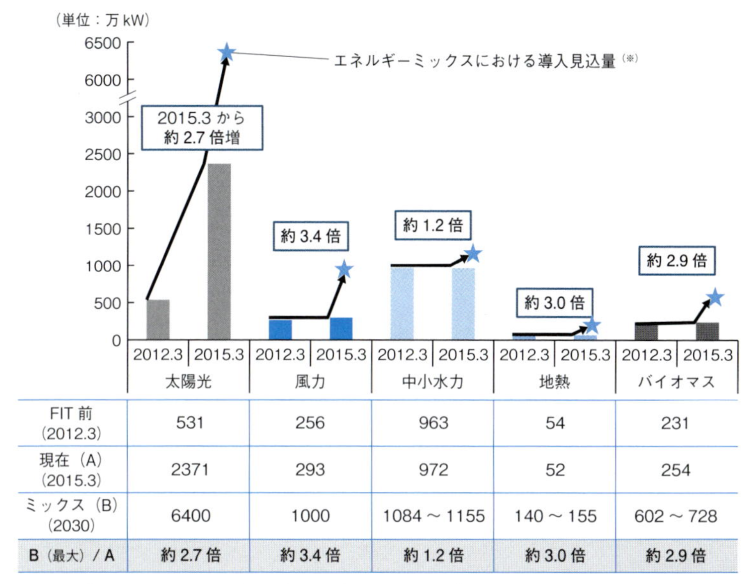

	太陽光	風力	中小水力	地熱	バイオマス
FIT 前（2012.3）	531	256	963	54	231
現在（A）（2015.3）	2371	293	972	52	254
ミックス（B）（2030）	6400	1000	1084 ～ 1155	140 ～ 155	602 ～ 728
B（最大）/ A	約 2.7 倍	約 3.4 倍	約 1.2 倍	約 3.0 倍	約 2.9 倍

（※） 1. エネルギーミックス（2015 年に政府が策定した「長期エネルギー需給見通し」を指す）においては，中小水力発電の既導入設備容量を示してはいないが，ここでは出力別包蔵水力調査データにエネルギーミックスで示された追加導入見込量（＋150～201 万 kW）を合算して算出した。

2. 太陽光発電と風力発電については，出力制御の状況等によって導入量は変わりうる。

（資料） 資源エネルギー庁作成。

（出典） エネルギー白書 2016

図 8.7　各電源の運転開始済の設備容量と 2030 年の導入見込量（★印）

表 8.2　2020 年以降の温室効果ガス削減に向けた各国のパリ協定における約束草案の比較

国　名	1990 年比	2005 年比	2013 年比
日　本	▲18.0%（2030 年）	▲25.4%（2030 年）	▲26.0%（2030 年）
米　国	▲14～16%（2025 年）	▲26～28%（2025 年）	▲18～21%（2025 年）
E　U	▲40%（2030 年）	▲35%（2030 年）	▲24%（2030 年）

（注） 下線は各国の基準年をベースにした削減目標

（資料） 各国の約束草案を基に作成。

（出典） エネルギー白書 2016

表 8.3　2016 年 12 月末時点における再生可能エネルギー発電設備の導入状況

再生可能エネルギー発電設備の種類	設備導入量（運転を開始したもの）							認定容量
	固定価格買取制度導入前	固定価格買取制度導入後						固定価格買取制度導入後
	平成24年6月末までの累積導入量	平成24年度の導入量（7月～3月末）	平成25年度の導入量	平成26年度の導入量	平成27年度の導入量	平成28年度の導入量（12月末まで）	制度開始後合計	平成24年7月～平成28年12月末
太陽光（住宅）	約470万kW	96.9万kW（211,005件）	130.7万kW（288,118件）	82.1万kW（206,921件）	85.4万kW（178,721件）	59.4万kW（120,426件）	454.5万kW（1,005,191件）	530.8万kW（1,159,845件）
太陽光（非住宅）	約90万kW	70.4万kW（17,407件）	573.5万kW（103,062件）	857.2万kW（154,986件）	830.6万kW（116,700件）	414.8万kW（55,794件）	2746.5万kW（447,949件）	7,552.5万kW（902,379件）
風　力	約260万kW	6.3万kW（5件）	4.7万kW（14件）	22.1万kW（26件）	14.8万kW（61件）	16.3万kW（69件）	64.2万kW（175件）	307.8万kW（3,766件）
地　熱	約50万kW	0.1万kW（1件）	0万kW（1件）	0.4万kW（9件）	0.5万kW（10件）	0万kW（7件）	1.0万kW（28件）	7.9万kW（92件）
中小水力	約960万kW	0.2万kW（13件）	0.4万kW（27件）	8.3万kW（55件）	7.1万kW（90件）	6.9万kW（79件）	22.9万kW（264件）	79.5万kW（535件）
バイオマス	約230万kW	1.7万kW（9件）	4.9万kW（38件）	15.8万kW（48件）	29.4万kW（56件）	25.0万kW（54件）	76.8万kW（205件）	398.7万kW（467件）
合　計	約2,060万kW	175.6万kW（228,440件）	714.2万kW（391,260件）	986.0万kW（362,045件）	967.7万kW（295,638件）	522.4万kW（176,429件）	3365.9万kW（1,453,812件）	8,877.3万kW（2,067,084件）

37.9%

（注）1. バイオマスは，認定時のバイオマス比率を乗じて得た推計値を集計。
　　　2. 各内訳ごとに，四捨五入しているため，合計において一致しない場合があります。
（出典）資源エネルギー庁 HP

す）。ただし，日本の場合は原子力発電も同時に行っていくという方針ですので，二酸化炭素を出さない電源としての位置づけは，ドイツと比べると低くなります。また，この目標自体は法律で定められたものではありません。

表 8.3 は 2016 年末時点での再生可能エネルギー発電設備の導入状況です。制度導入後，増加しているのがわかります。ただ，その内訳を見ると，太陽光発電，なかんずく非住宅分野（事業者によるいわゆるメガソーラー）の発電の導入量が，風力発電などと比べて飛びぬけて高いことがわかります。こ

れは，太陽光発電が他の電源と比べて設備を導入しやすいことと当初の買取価格が高めに設定されていたことも一つの原因ですが，その結果，政府が当初見込んでいた2030年の導入目標を既に超える状況となり，電力会社が電力の安定供給や送電網の容量確保という観点から，買取を保留するという事態も起こりました。また，そのことと関連し，接続認定を取得したまま工事を開始しない未稼働案件が増大するなどの問題が新たに生じました。さらに，買取の財源となる賦課金が急速に増大し，一般電力消費者の負担が予想以上に増えるという問題も起こりました。

そのため，大規模な太陽光発電設備を対象に入札方式を導入するほか，住宅用の買取価格も長期に低減させて導入量を抑制すること，未稼働案件を解消するため発電事業者は電力会社と接続契約を締結した後でなければ接続認定を取得することができなくすること，また，2016年4月に実施した電力の小売り全面自由化に合せて，固定価格買取制度による電力の買取義務は小売電気事業者から送配電事業者に変更し，より需給バランスの調整を行いやすくすることなど，固定価格買取制度の大幅な改正を2017年に行いました。

買取期間ですが，規模によって異なっており，太陽光発電ですと10kw未満のものは10年間，10kw以上のものは20年間の買取期間となっており，表8.4に示すとおり10kw以上のものは買取価格が抑えられています。また，一般家庭の電力買取は，自家消費を差し引いた残りの分が対象になっていますが，ドイツでは自家消費を行った分も含め，太陽光で発電した分の全量が買取の対象となっています。

買取や接続の義務については，日本の場合も再生可能エネルギー電力について買取契約を原則的には拒否できないことになっています。ただし「電気事業者の利益を不当に害するおそれがあるときや電気の円滑な供給に支障の出るときは，電気事業者が買取や接続を拒否できる」との規定があり，より電力会社に配慮している点がドイツと異なっています。

価格決定の方法については，ドイツの場合は国会の場でオープンに審議されますが，日本では，調達価格委員会が審議をして経済産業大臣が決定する

表 8.4　2017（平成 29）年度以降の買取価格表（調達価格 1kWh 当たり）

電　源	調達区分		1kWh 当たりの調達価格			
			平成28年度（参考）	平成29年度	平成30年度	平成31年度
太陽光	10kW 未満	（出力制御対応機器設置義務なし）	31 円	28 円	26 円	24 円
		（出力制御対応機器設置義務あり）	33 円	30 円	28 円	26 円
	10kW 未満（ダブル発電）	（出力制御対応機器設置義務なし）	25 円	25 円		24 円
		（出力制御対応機器設置義務あり）	27 円	27 円		26 円
	10kW 以上～2,000kW 未満		24 円＋税	21 円＋税		
風　力	20kW 以上（陸上風力）		22 円＋税	21 円＋税 平成 29 年 9 月末まで 22 円＋税	20 円＋税	19 円＋税
	20kW 以上（陸上風力）リプレース		—	18 円＋税	17 円＋税	16 円＋税
地　熱	リプレース	15,000kW 以上 全設備更新型	—	20 円＋税		
		15,000kW 以上 地下設備流用型	—	12 円＋税		
		15,000kW 未満 全設備更新型	—	30 円＋税		
		15,000kW 未満 地下設備流用型	—	19 円＋税		
水　力	5,000kW 以上～30,000kW 未満		24 円＋税	平成 29 年 9 月末まで 24 円＋税		20 円＋税
	1,000kW 以上～5,000kW 未満			27 円＋税		
水　力（既設導水路活用型）	5,000kW 以上～30,000kW 未満		14 円＋税	12 円＋税		
	1,000kW 以上～5,000kW 未満			15 円＋税		
バイオマス	一般木材等燃焼発電	20,000kW 以上	24 円＋税	平成 29 年 9 月末まで 24 円＋税		21 円＋税

（出典）　資源エネルギー庁 HP

ことになっています。

日本の場合は，欧州と異なり，他国と送電網がつながっておらず，また，国内においてもこれまでの 9 電力体制のもと，それぞれの電力会社の電力エリア間の送電網が十分に整備されていないという課題があります。そのため，北海道や九州などでは，原子力発電の再稼働の見込みをどう見るかという問題とあいまって，電力会社による再生可能エネルギーの受け入れが制限されているという問題があります。

8.6 日本における再生可能エネルギー普及の見通し

日本でも，電力自由化の動きが進められていますが，EU が主導した欧州と比べ，電力会社における発送電分離などはかなり遅れており，このことも再生可能エネルギーの普及に影響を与えています。図 8.6，図 8.7 に示したように，日本では 2030 年を目途とした電源構成で 22～24% の普及を目標としていますが，一方で原子力発電所の再稼働がどの程度になるか，新設を含め，今後の中長期的な原子力発電をどうするかなどの方針が明確に定まっていないことが，再生可能エネルギーの普及政策にも影響を及ぼしているものと考えられます。

8.7 本章のまとめ

固定価格買取制度は，ドイツにおいて 2000 年に導入され，その後欧州各国に広がりました。日本では，東日本大震災後の 2012 年に導入され，現在に至っています。ただし，基本的な仕組みは似ているのですが，それぞれの国の方針や電力業界の事情により，多くの異なる点も見られます。また，本制度は恒久的な制度ではなく，再生可能エネルギーの普及のための過渡的な措置であるという面があるため，その状況に合わせて適切な制度の改正をしていく必要があります。

練習問題

8.1 固定価格買取制度について，ドイツと日本の制度について，どのような点が異なるのか調べてみましょう。

8.2 本章では，ドイツと日本の導入事例について紹介しましたが，それ以外の国における固定価格買取制度についても調べてみましょう。

8.3 日本における導入の具体例を調べ，投資額が何年で回収できる見込みか計算してみましょう。

コラム　ドイツのエネルギー改革をめぐる二つの誤解

講演やセミナーなどで脱原発と再生可能エネルギー普及をめざすドイツのエネルギー改革の話をすると，「ドイツは脱原発などと言っているけれども，隣国のフランスから，原子力発電の電気を大量に輸入して賄っている。これはフェアではないのではないか」という質問を受けることがあります。

確かに，ドイツの隣のフランスは原発大国として有名であり，貿易統計を見ても，ドイツはフランスから電気をかなり恒常的に輸入しています。しかし，そのことをもってドイツはフェアでないと結論づけてよいのでしょうか。実は，貿易統計をさらによく見てみると，ドイツがなぜフランスから電力を輸入しているのかその理由がわかってきます。

ドイツは欧州の中心部にある国ですが，その周辺国では，恒常的に電力が足りずに輸入している国があります，オランダ，スイス，オーストリアなどです。一方，フランスやチェコなどはどちらかというと電力が余っており，それを周辺国に輸出しています。その際，ドイツがヨーロッパの中心にあり，かつ，比較的電力網がしっかりと整備されているため，フランスやチェコからそれらの電力輸入国に電気を輸出する際には，ドイツを経由して送られる場合が多いのです。

したがって，フランスからドイツに輸出された電気は，瞬時にドイツからそれらの電力輸入国に輸出されるので，フランスの電気でドイツの暮らしや経済が賄われているわけではありません。実際，ドイツの年間を通じた周辺国との電力の輸出，輸入の統計を見てみると，ドイツはフランスと同様，年間の電力貿易は，輸出超過となっています。

2011 年に日本で福島の原発事故が起こったとき，当時のメルケル首相は直ちに，ドイツの古い原発の稼働を停止しました。それがなぜできたのかというと，ドイツは電気の輸出国であり，電力事情に余裕があったからです。

もう一つよく受ける質問が，「ドイツでは固定価格買取制度で電気料金が上がり，国民はそのことに大きな不満を持っており，エネルギー改革はうまくいっていないと聞いている」というものです。同趣旨の報道を新聞で見たこともあります。

ドイツでは 2000 年から固定価格買取制度が導入され，一般家庭の電気料金が値上がりしていることは事実です。しかしながら，ドイツ政府は一連のエネルギー改革について，国民に対して「エネルギー・コンセプト」という国民向けの 2050 年に向けた政策ロードマップを作成し丁寧に説明をしています。そこでは，改革には投資が必要であり，費用もかかるが，将来的には，現在の化石燃料に依存するよりも安い価格で電気を生産・消費する見通しが示されています。また，値上がりの要因は必ずしも固定価格買取制度による賦課金のみではありません。これに関しては，ドイツでもいくつかの世論調査が行われていますが，全体的には脱原発も含めてドイツのエネルギー改革は強く支持されており，電気料金の値上がりについても，現状でよいとするものが約 5 割，もっと高くてもよいとするものが約 2 割，高すぎるとするものが約 2 割という結果が示されています。

もちろん，ドイツの政策はすべてがうまくいっているわけではありませんが，事実を十分に調べないままの批判や評価はできるだけ避けるべきだと思います。

第9章

従来の市場機能以外の要素に着目した環境管理

これまで，環境と経済を統合的に考えていく上で，市場機能をうまく利用することの重要性について述べてきましたが，この章では，さらにそれを超えた環境管理の考え方について紹介していきます。

○ *KEY WORDS* ○

社会的共通資本，コモンズ，
自然環境の管理，
持続可能な発展戦略，ESG 投資

9.1 社会的共通資本の考え方

文化勲章を受け，またブループラネット賞を受賞し2014年に亡くなった宇沢弘文教授は，資本主義と社会主義のそれぞれが持つ大きな課題を克服する鍵として，社会的共通資本という考え方を強く提唱しました。この考え方は，もともとヴェブレン（Thorstein Bunde Veblen：1857–1929）が19世紀の終わりに唱えた制度主義に基礎を置いており，その考え方をより具体的に表現したもので，現在の主流派の経済学が，経済を人間の心から切り離して，単に経済現象の間に存在する運動法則を求めるものとなっているのではないかとの懸念を強く示したものでした。

社会的共通資本とは，「各人がその多様な夢と願望に相応しい職業につき，それぞれの私的，社会的貢献に相応しい所得を得て，幸福で安定的な家庭を営み，安らかで，文化的水準の高い一生を送ることができるような社会」（宇沢『社会的共通資本』）を，また，「すべての人々の人間的尊厳と魂の自立が守られ，市民の基本的人権が最大限に確保できるという，本来的な意味でのリベラリズムの理想が実現できる社会」（同）を実現するために必要なものとされています。具体的には，自然環境（大気，水，森林，河川，湖沼，海洋，沿岸湿地帯，土壌など），社会的インフラストラクチャー（道路，交通機関，上下水道，電力，ガスなど），制度資本（教育，医療など）の三つに分類され，「基本的に市場的基準によって支配されてはならず，また，官僚的基準によって管理されてはならない」（同）としています。

特に，この自然環境と人間とのかかわりについては，人類の歴史の中で，大きくその内容が変わってきたことが指摘されています。すなわち，かつての伝統的な社会では，人やモノの移動がきわめて限定され，技術も限られていたため，それぞれの地域ではそこで利用できる自然資源に頼らざるを得ず，それらの自然資源の枯渇は直ちに伝統的社会の存続を危うくするものであったため，それを維持していくための社会的規範が形成されていたといいます。それが，産業革命などを経て，人やモノの移動が大幅に自由になり，ヨーロッパ諸国によるアフリカやアジアにおける植民地化が進み，大規模なプランテーションの開発などが進むにつれ，伝統的な各地域における自然環境の維持の仕組みや慣習が壊されていったといいます。

かつては，地域の人々が共同で使う土地は，いわゆるコモンズ（私有財でも公共財でもなく，構成員によって共同で利用・管理される非所有の財）として人々の共同管理がなされていましたが，現代では，多くの土地が私有地として私人にその使途や管理が大きく委ねられています。また，世界的なグローバリズムのもとで，かつてはそれぞれの土地での自給が基本であった食料などが貿易によって輸出入されるようになってきました。また，これらのグローバル化の進展には，利益を求めて活動するグローバルな私企業の役割も大きいものがあります。

いうまでもなく，自然環境は，文化的な側面も含め，人間が人間らしく安定的な生活を営む上で不可欠の要素です。そのような自然環境を私企業の利益の追求を得るための単なる資源として市場に任せてよいのだろうかという基本的な問いかけが，社会的共通資本の考え方にはあると思われます。

それでは，そのような自然環境を私たちは，どのように管理していけばよいのでしょうか。もとより，自然環境の保全については，国立公園や自然環境保全地域などの制度があります。また，保安林などの国有地や公有地も存在しますし，私有地であっても農地法や森林法などで一定の規制の枠がかかっているものもあります。一方で，干潟の開発や海岸の埋立で見られるように，公的なプロジェクトとして大規模な自然改変が行われる場合もあります。

これらは，大きくいえば，国民の声を反映して政治的なプロセスを経て自然環境の利用のルールが定められ，意思決定がなされてきたものともいえると思いますが，そのようなルールや意思決定は今の時代に合っているでしょうか。合っていないとすればどのようにそれらの仕組みを変えていけばよいのでしょうか。

社会的共通資本の考え方では，自然環境の管理が，市場的基準や官僚的基準によって支配されてはならないとしています。その考え方は基本的に正しい面があると思いますが，一方で，これだけ市場経済が社会の隅々まで普及した現代社会において，すべての自然環境の管理を行う際に市場的基準や官僚的基準を排除することは現実的とは思われません。重要なことは，自然環境の管理の基本的な大枠を市場的基準や官僚的基準に任せてしまうのではなく，持続可能性を評価基準とした自然環境の管理の基本的大枠を確立した上で，その中のどこまでを市場的基準や官僚的基準に任せるかということをはっきりさせることではないかと思います。いわば，環境税におけるボーモル・オーツ税の考え方です。

そのためには，まずは，私たち市民一人ひとりが，どのような自然環境のもとで，どのように暮らしていきたいか明確なイメージを持ち，それを社会のルールや意思決定に反映させていく必要があります。その際，自分たちの住む地域のみならず，貿易等を通じて影響を与えている他の地域の自然環境のことまでを十分に認識しておくことも重要です。

9.2　共有型経済とコモンズの可能性

リフキン（Jeremy Rifkin：1945–）は2014年に書いた『限界費用ゼロ社会』において次のように述べています。

「資本主義は今，後継ぎを生み出しつつある。それは協働型コモンズで展開される，共有型経済（シェアリング・エコノミー）だ。（中略）協働型コモンズは，所得格差を大幅に縮める可能性を提供し，グローバル経済を民主化し，より生態系に優しい形で持続可能な社会を生み出し，すでに私たちの経済生活のあり方を変え始めている」，次いで，「そこでは，財とサービスの大半が無料となり，利益が消滅し，所有権が意味を失い，市場は不用となる」。

これはある意味，驚くべき主張です。今日，豊さの中の貧困が問題とされ，格差の解消が声高に指摘され，グローバル企業が国家を超えて力を持つようになった弊害や，気候変動問題など，ほとんど解決のめどがついていないような人類社会の大問題の多くが今後，改善に向かう可能性があるというのです。

リフキンは，このことはすでにケインズ（John Maynard Keynes：1883–1946）や同時代のランゲ（Oskar Lange：1904–65）が予見していた資本主義体制の核心にある矛盾に基づいているといいます。すなわち，限界費用を押し下げるという，競争的市場に固有の企業家のダイナミズムが，消費者が製品の限界費用だけしか支払わないような効率的な経済をもたらし，そのことにより，企業は十分な利益を得ることが難しくなるため，資本主義が成功すればするほど，それが世界の表舞台から退場せざるを得なくなるというのです。

それに代わり登場してくるのがコモンズだとリフキンは指摘するのですが，これは，これまで全くなかったものが突如出現するのではなく，実は，資本主義市場や代議政体のどちらよりも長い歴史を持つ，世界で最も古い，制度化された自主管理活動の場であるといいます。それらのコモンズは現代へも受け継がれており，例えば慈善団体や宗教団体，芸術団体や文化団体，生活者共同組合や消費者団体など公式，非公式の組織が含まれているとされています。

もともとは，このコモンズは封建時代の農牧業において農民たちが結束して共有型経済を形成し，その資源を最大限活用し分かち合う経済モデルとして発達したといいます。それが現代ではソーシャルコモンズとして，社会的関係資本という言葉で理解されるようになってきているといいます。ただし，このようなコモンズが生み出すのは，主に金銭上の価値ではなく，社会的価値なので，その意味でも資本主義市場とは大きく趣を異にしているといいます。リフキンの表現では，「資本主義は私利の追求に基づいており，物質的利益を原動力としているのに対して，ソーシャルコモンズは協働型の利益に動機づけられ，他者と結びついてシェアしたいという深い欲望を原動力としている」とされています。

以上のリフキンの主張が必ずしも荒唐無稽といえないのは，現にインターネットなどの通信・情報革命により，それを裏づけるような多くの実例を目にすることができるためです。今日では，消費者はもはや単に市場からできあがった製品を買うだけの存在ではなく，例えば，自分で作った動画をインターネット上で公開する生産者（これをプロシューマーという）でもあります。同書では，「プロシューマーたちは，自分自身の情報や娯楽，グリーンエネルギー，マスメディア，3D プリンター製品，大規模な公開オンライン講座を協働型コモンズにおいて限界費用がほぼゼロで新たに生み出したりシェアしたりしているだけではない。自動車や住宅，果ては衣服まで，ソーシャルメディアのサイト，レンタル店，再流通クラブ，共同組合などを通して，低い限界費用やほぼゼロの限界費用でシェアしている」と指摘されています。

9.3　エネルギーと気候変動問題の将来

以上の経済体制の大きな変化の予測の中でも，エネルギーに関するものは，人類の持続可能性にとって大きな意味を持つものとなります。

リフキンは，同書第５章の「極限生産性とモノのインターネットと無料のエネルギー」で次のように述べています。

「再生可能エネルギーの分野と，IT やインターネットの分野には驚くべき類似点が二つある」「第一に，再生可能エネルギー技術のエネルギー採取能力は，太陽光発電と風力発電で指数関数的に増加しており，地熱発電，バイオマス発電，水力発電もそれに続く見通しだ」「第二に，コミュニケーション・インターネットのインフラ確立の初期費用はかなりの額にのぼったものの，情報を生み出して流通させる限界費用はごくわずかであるのと同様，エネルギー・インターネットもまた，確立に必要な初期費用は膨大だが，太陽光や風から電力を生み出す単位当たりの限界費用はほぼゼロだ」。

さらに，続けて，リフキンは次のように述べます。

「この傾向が今のペースで続けば，太陽光発電による電気は2020年までには現在の電気の小売り価格と同程度まで下がり，2030年までには現在の石炭火力発電の半値になるだろう」。

実際，第8章で紹介したように，ドイツは，EUの電力自由化とあいまって，再生可能エネルギーの短期市場価格がその他の電源による市場価格よりも低くなるケースが出てきています。

これらのエネルギー需給の大変化は，新たな技術とシステムの構築によって起こってきています。すなわち，いわゆる大規模集中型の電力供給システムから小規模分散型のエネルギー供給システムへのシフトです。これまでは，石炭や天然ガスのような化石燃料を使用する発電所にしても，核燃料を使う原子力発電所にしても，その効率を高めるため，できるだけ大規模のものとし，そこで作られた電気は送電線を通じて，個々の需要者に送られていました。そして太陽光発電や風力発電などは，技術的には比較的以前から存在していたものの，主として，コストがかかり，経済的に引き合わないという理由で普及することがありませんでした。

それが，化石燃料による気候変動などの社会的コストが世界的に認識され，かつ，2000年初め頃から欧州を中心に本格化した再生可能エネルギーの固定価格買取制度の導入などにより，技術の改善とコストの低下とあいまって，再生可能エネルギーの普及が，まさに一般国民の間でも広まってきたのです(図9.1～図9.3)。

このことは，これまで，エネルギー問題は，国や大きな電力会社などの問題であり，一般の国民が関与できるものではないという認識から，エネルギーシステムはそれぞれの地域で自分たちの選択で作りあげていくことのできるものであるという認識に変わってくることとなったのです。それは，例えば，ドイツの都市ですでに見られる，再生可能エネルギーをベースとしたエ

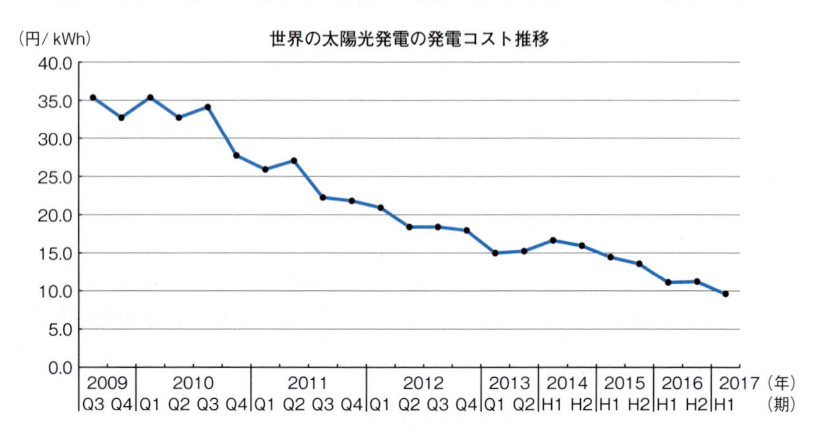

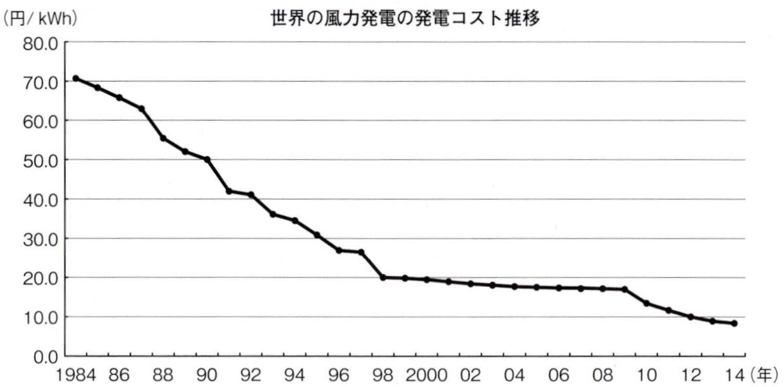

(注) 為替レート：日本銀行基準外国為替相場及び裁定外国為替相場（平成29年5月中において適用：1ドル＝113円，1ユーロ＝121円）
(資料) Bloomberg new energy finance より。
(出典) 資源エネルギー庁 HP

図 9.1 世界の太陽光・風力発電のコスト低減

ネルギー自給都市という考え方や運動にもつながり，地域や住民を主体とした，地域の持続可能な社会の構築という動きにもつながってきています。

ただし，再生可能エネルギーをめぐるこのような動きは，果たして本当に

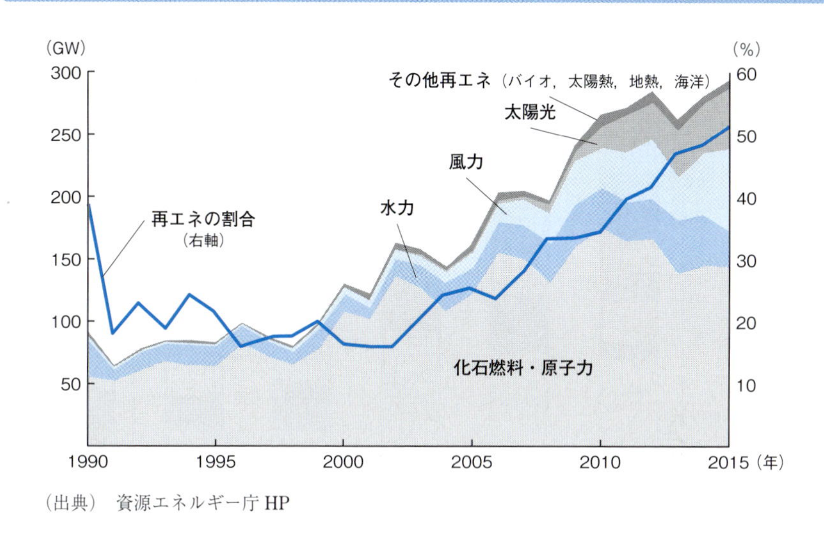

(出典) 資源エネルギー庁 HP

図 9.2 世界の各年の発電設備導入量，再生可能エネルギーの割合の推移

実現し，またそれは持続可能性の観点から全く問題ないものなのでしょうか。

一つ留意しなければならないのは，化石燃料と原子力を中心とする大規模集中型発電から小規模分散型の発電へのシフトが進む可能性が高いとしても，やはり，それを実現するには，いわゆるスマートグリッドをはじめ，多くの技術的，システム的なバックアップが欠かせないことです。特に，日本のように，そのような大きな方向についての国民的合意が確立されていない場合は，化石燃料や原子力などにかかわる既存の産業界と再生可能エネルギーにかかわる新たな産業界の間で，深刻な政治的摩擦が生じるおそれがあります。その意味でも，国家レベルでのきちんとした**持続可能な発展戦略**を策定し，ある程度時間もかけつつ計画的に行っていくことが重要です。

また，これらの新しい経済の動きが進んでいく可能性が期待される一方，懸念事項もあるとリフキンは述べています。一つは，IoT（Internet of

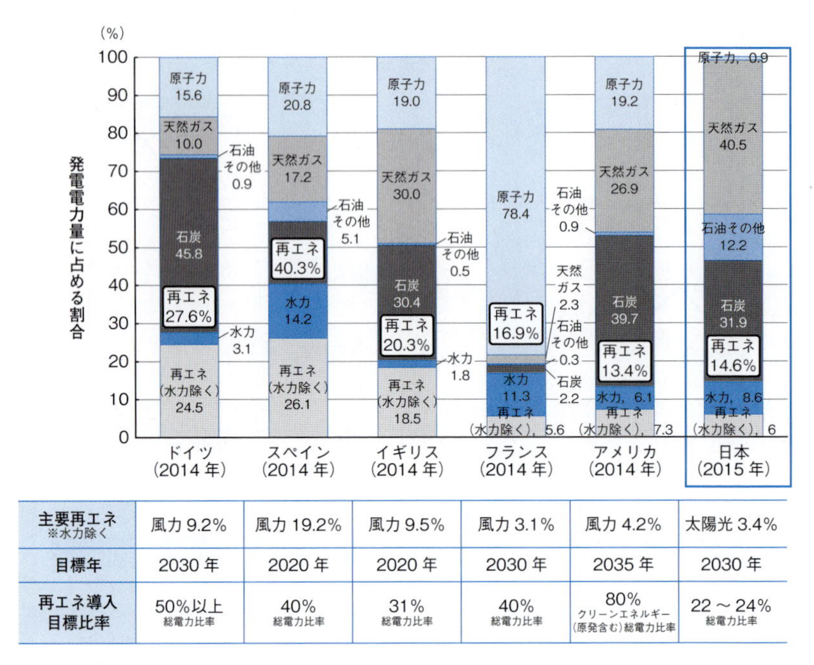

主要再エネ ※水力除く	風力 9.2%	風力 19.2%	風力 9.5%	風力 3.1%	風力 4.2%	太陽光 3.4%
目標年	2030年	2020年	2020年	2030年	2035年	2030年
再エネ導入目標比率	50%以上 総電力比率	40% 総電力比率	31% 総電力比率	40% 総電力比率	80% クリーンエネルギー(原発含む)総電力比率	22～24% 総電力比率

（出典） 資源エネルギー庁 HP

図 9.3 主要国の再生可能エネルギーの発電比率

Things：モノのインターネット，様々なモノがインターネットに接続され，情報交換することにより相互に制御する仕組みのこと）をターゲットとするサイバーテロであり，もう一つは地球温暖化です。これは，地球温暖化の進行による社会の混乱が急速に顕在化し，このような経済への移行がそれによって阻害されることです。そのため，サイバーテロなどへの対応を強化しつつ，エネルギーのベースを再生可能エネルギーにすることをできるだけ後押しし，地球温暖化を安定化させることができれば，環境問題や資源問題の観点からの人類への持続可能性への悪影響はかなりの程度減ずることが期待されます。

9.4 ESG 投資

パリ協定の合意のプロセスなど国際的な枠組みの議論の場において，近年，ノン・ステート・アクターズと呼ばれるいわゆる非政府主体の影響力が増大しています。その中において，従来からの環境NGOのみならず，企業や経済界の動きが注目されています。中でも，ESG投資といわれる投資にかかる新たな考え方がもたらす影響力は，気候変動をはじめ世界の環境対策を大きく変える可能性を有しています。

ESG投資では，企業の長期的な成長のためには，E（環境），S（社会），G（ガバナンス）の三つの観点が重要であるとし，そのような関点に基づいた投資がなされます。これは，2015年に国連で採択された国連持続可能な目標（SDGs）とも重なるものであり，これらの要素を重視しない企業はリスクを抱えた企業であり，投資先として不適切であるという考え方が基調となっています。

ESG投資の種類はいくつかの類型に分かれますが，その一つのネガティブ・スクリーニングと呼ばれるものは，特定の業界の株式や債券を投資の対象から除外する手法です。この中には，原子力発電や化石燃料発電など，環境の観点から望ましくないとされる業界が含まれる場合があります。例えば，米国の大手資本である「ロックフェラー・ファミリー・ファンド」は自身が石油事業で財をなした財閥でありながら，今後の化石燃料関連の投資を中止するという方針を表明しています。また，スタンフォード大学をはじめ多くの大学基金でも同様の方針を表明するなど，金融の面から資金の流れを変えていこうとする動きが世界的な広がりを見せています。

一方で，これらの手法は，重大な経済コストをはらむとして批判的な見方もありますが，従来のように，少しでも投資の短期リターンが高いところに投資をすることが合理的であるという考え方に一石を投じるものであり，従来の市場機能以外の要素に着目した環境管理手法として，今後の進展が期待されます。

9.5 本章のまとめ

環境経済学では，環境問題を解決していく上で，環境問題が生じる要因の一つとなった市場の失敗を，市場機能の活用により是正していくという手法が多く考案されてきました。その一方で，環境問題の解決も含めたより良い社会を構築していくためには，現在の市場機能だけに頼らない社会制度が必要ではないかという考え方も注目されるようになってきています。例えば社会的共通資本の考え方であり，コモンズの考え方です。社会的共通資本の考え方では，自然環境，社会的インフラストラクチャー，教育や医療などの制度資本の水準は，基本的に市場的基準や官僚的基準によって管理されてはならないとされています。また，コモンズは，必ずしも新しいものではなく，封建時代の農牧業において農民たちが結束して共有型経済を形成し，その資源を最大限活用し分かち合う経済モデルとして発達したといいます。そのような考え方が改めて注目されるようになった背景には，現代における IT 技術や個人が発電者になりうる再生可能エネルギー技術の急激な進展等があることが指摘されています。さらに，民間の投資基金などの非政府組織の間で広がっている ESG 投資の動向も注目されています。

練習問題

9.1 社会的共通資本の考え方を実践していくためには，私たち自身がどのような自然環境や社会インフラ，また，制度のもとで，どのように暮らしていきたいかを明確にする必要があります。それらをできるだけ具体的にイメージして，リストにまとめてみてください。また，それをどのようにすれば社会で合意できるかについて考えてみてください。

9.2　IoT（モノのインターネット）と共有型経済の進展が，本当にコモンズの形成を促し，環境問題や格差問題の解決につながりうるのか，その可能性と懸念点を整理してみてください。

コラム　宇沢教授の『自動車の社会的費用』

宇沢弘文教授の『自動車の社会的費用』（岩波新書）が世に出たのは，1974年です。その6年前にシカゴ大学から日本に戻った宇沢先生のゼミに私が参加してから3年目に入った頃でした。

当時は，日本の高度経済成長に伴う激甚な公害や自然の破壊が大きな社会問題となり，公害対策基本法の制定とともに，公害の被害者による裁判提起と相次ぐ原告勝訴の判決などを背景に，公害健康被害補償法などの環境対策の個別法がようやく整備されはじめ，それに基づく対策が急がれていた時代です。また，高度経済成長に伴う企業による激甚公害への対応が曲がりなりにも進められてきた一方で，急速なモータリゼーションを背景に，自動車公害などのいわゆる都市生活型公害がより顕在化してきたのもこの頃でした。それに対応して，日本において本格的な自動車の排ガス規制が導入されはじめ，特に1978年の窒素酸化物規制については，これが，日本の自動車産業ひいては経済全体に大きなダメージを与える可能性が高いとして，その導入前から，自動車業界や経済団体が強く反対運動を展開した時代でもありました。

そのような状況の中で出版された『自動車の社会的費用』は日本の社会で大きな反響を呼び，この種の本としては異例のベストセラーとなりました。宇沢先生はこの後，多くの本を出されましたが，社会的共通資本の提唱をはじめ，先生の広範な思想のエッセンスがこの本にすでに含まれているといっても過言ではありません。また，そのことが，本書が多くの心ある読者を引きつけた理由でもあったと思います。

本書のまえがきは，「わたくしは十年間ほど外国にいて，数年前に帰国したが，そのときに受けたショックからまだ立ち直ることができないでいる」という書き出しではじまります。次いで，「わたくし自身，この数年間にわたって，公害，環境破壊，都市問題，インフレーションなどの現代的課題を取扱うとき，新古典派の理論体系にはどのような問題点が存在し，どのような限界があるか，ということを考えるとともに，代替的な理論体系の構築を試みるといういささか困難な作業を続けてきた。本書では自動車の社会的費用をどのように考えたらよいか，という問題に焦点を当てながら，これまでの作業の一端を紹介することにした」。

このまえがきに端的に表れているように，本書は単に自動車の社会的費用を計算したものではなく，まさに，当時の，そしてある意味今でもなお主流となっている新古典派経済学に対して，経済学に人間の心を持ち込むにはどうしたらよいか，宇沢先生が悩みつつ真正面から挑戦したその報告の書でもあるのです。

私たちは日々の生活の中で，いつしか現状に慣れてしまい，本来解決すべき世の中の大きな問題に鈍感になってはいないでしょうか。また，その問題を生み出している現行の社会システムや常識とされる考え方について，宇沢先生のような根源的な問いを発し，その解決を模索する勇気を忘れてはいないでしょうか。そのような反省を私たちに迫る本書は，40 年を超えた時を経て，未だにその輝きを失っていません。

いまや古典となりつつある本書に是非一度触れていただければと思う次第です。

第 10 章

持続可能な発展と環境経済学

本章では，持続可能な発展についての考え方を概観するとともに，今後環境経済学が基本とすべき原則と基本政策について述べたいと思います。

○ *KEY WORDS* ○

持続可能な発展のための目標，
強い持続可能性，弱い持続可能性，最適な規模，
ハーマン・デイリーの持続可能な発展の三原則，
再生可能資源，非再生可能資源

10.1 持続可能な発展の考え方

1992年にブラジルで開催された「環境と開発に関する国連会議」，通称，地球サミット以降，「持続可能な発展」という言葉が世界に広まりました。これは，地球サミットの準備の一環として設置されたブルントラント委員会が1987年に発表した「我ら共通の未来」と題する報告書の中で提唱した概念をベースにしており，「持続可能な開発とは，未来の世代が自分たちの欲求を満たすための能力を減少させないように，現在の世代の欲求を満たすような開発である」という定義が広く共有されました。

これは，当時，どちらかというと環境保全を重視する先進国と，経済成長を望む開発途上国との間における大きなギャップを結びつける概念となり，開発か環境保全かという二者択一的な議論を回避し，より建設的な議論を行うという面で大きな役割を果たしてきました。しかしながら，一方で，この概念は，やや抽象的であり，現実の社会が直面する，「どこまで環境に配慮すればよいのか」という問題の直接の解決策とはならなかったという面があります。

一方，「持続可能な発展」をめぐる定義や議論はその他にも数多くあり，必ずしもブルントラント委員会の定義が唯一というものではありません。例えば，2015年には国連で**持続可能な発展のための17の目標**（**SDGs**：Sustainable Development Goals）が合意されています（表10.1）。ここでは，環境のみならず，経済，社会全般にわたる貧困，健康，人権，不平等，平和といった現代社会の諸問題についての改善目標が掲げられており，これらがすべて満たされてこそ，持続可能な発展が実現するという考え方です。この考え方は，現在，先進国，途上国を含め多くの人々に受け入れられているものであるといえます。ただし，この考え方は，最終的な目標としては妥当なものであるとは思いますが，持続可能な社会の実現の道筋を考えると，どの

表 10.1　持続可能な発展のための目標

■SDGs17 のゴール

ゴール 1（貧困）：あらゆる場所のあらゆる形態の貧困を終わらせる
ゴール 2（飢餓）：飢餓を終わらせ，食糧安全保障及び栄養改善を実現し，持続可能な農業を促進する
ゴール 3（健康な生活）：あらゆる年齢の全ての人々の健康的な生活を確保し，福祉を促進する
ゴール 4（教育）：全ての人々への包摂的かつ公平な質の高い教育を提供し，生涯教育の機会を促進する
ゴール 5（ジェンダー平等）：ジェンダー平等を達成し，全ての女性及び女子のエンパワーメントを行う
ゴール 6（水）：全ての人々の水と衛生の利用可能性と持続可能な管理を確保する
ゴール 7（エネルギー）：全ての人々の，安価かつ信頼できる持続可能な現代的エネルギーへのアクセスを確保する
ゴール 8（雇用）：包摂的かつ持続可能な経済成長及び全ての人々の完全かつ生産的な雇用とディーセント・ワーク（適切な雇用）を促進する
ゴール 9（インフラ）：レジリエントなインフラ構築，包摂的かつ持続可能な産業化の促進及びイノベーションの拡大を図る
ゴール10（不平等の是正）：各国内及び各国間の不平等を是正する
ゴール11（安全な都市）：包摂的で安全かつレジリエントで持続可能な都市及び人間居住を実現する
ゴール12（持続可能な生産・消費）：持続可能な生産消費形態を確保する
ゴール13（気候変動）：気候変動及びその影響を軽減するための緊急対策を講じる
ゴール14（海洋）：持続可能な開発のために海洋資源を保全し，持続的に利用する
ゴール15（生態系・森林）：陸域生態系の保護・回復・持続可能な利用の推進，森林の持続可能な管理，砂漠化への対処，並びに土地の劣化の阻止・防止及び生物多様性の損失の阻止を促進する
ゴール16（法の支配等）：持続可能な開発のための平和で包摂的な社会の促進，全ての人々への司法へのアクセス提供及びあらゆるレベルにおいて効果的で説明責任のある包摂的な制度の構築を図る
ゴール17（パートナーシップ）：持続可能な開発のための実施手段を強化し，グローバル・パートナーシップを活性化する

（以上 IGES 仮訳）

［169 のターゲット］（URL：http://www.mofa.go.jp/mofaj/files/000101402.pdf）

（資料）　IGES 資料より環境省作成
（出典）　平成 29 年版　環境・循環型社会・生物多様性白書

項目をどのような優先順位で実施していくべきかという点で課題があるように思います。すなわち，環境問題としての持続可能性の観点から見ると，経済的な発展を軸としたこれまでの人類の発展そのものが地球環境の破壊をもたらし，経済を含めた人類の存続に対して悪影響を及ぼしつつあるという基本的な課題を必ずしも反映しきれてはいないのではないかということです。

10.2　強い持続可能性と弱い持続可能性

第3章末尾のコラムでも述べたように，環境経済学では，持続可能性について，大きく分けて，二つの考え方があります。「強い持続可能性」と「弱い持続可能性」です。強い持続可能性とは，人間の経済成長には「最適な規模」があり，自然資本は人間の福祉の究極的な源泉であることから，森や海など自然資本の制約を超えて成長することは不可能であるという考え方です。一方，弱い持続可能性とは，自然資本は人間の福祉の決定要因の一つであり，自然資本は，その他の人工資本等で代替可能であるという考え方です。この考え方の違いは，ある意味，大変大きな課題を人類に突きつけているといえます。人類は，もともと，地球上の自然資本に依拠して，それを利用し，その生命維持の基盤にも支えられて文明を発展させてきましたが，化石燃料の発見や科学技術の発展により，いわゆる直接的な自然資本のみに頼らなくても日常生活が営めるという状況を作り出してきました。

そのことは，かつては一部の権力者や富裕者のみが享受しえた大量の物質とエネルギーを多くの人々が享受しうるという社会状況を生み出しました。その意味で，いわば自然資本の制約を離れたことにより，人類の文明は大きく飛躍しそれが，また，新たな経済成長の原動力となってきたというのが，この数百年の人類の歴史であったと思います。

しかしながら，その一方で，地球上の森林面積は激減し，野生動植物の絶滅など生物多様性も大きく損なわれてきています。さらに問題なのは，地球環境の要ともいえる大気の質が二酸化炭素の増加により変わってきていることであり，海洋についても，同様の変化が生じてきています。

現代では，都市に居住する人の割合がますます増加してきており，そこでは身近に豊かな自然資本が存在しないにもかかわらず，快適な都市生活が享受できるという状況が生まれています。そこでは，自然資本が古来より果たしてきた生命維持基盤としての重要性を体験的に意識することが難しくなってきているという状況があります。近年話題となった，子どもの学習帳の表紙の虫の写真が気持ち悪いので花だけにしてほしいとの要望が消費者から寄せられ，学習帳のメーカーがそれに応じたというエピソードは，そのことを物語っているように思います。

化石燃料の発見と産業革命は，人間を自然資本の制約から解き放ったと書きましたが，一見すると，それは人類が飛躍のスタートを切ったともいえるものの，それが現代の気候変動問題につながっているということは決して偶然ではありません。

つまりは，自然資本に人類が依拠してきた時代は，自然資本が人類の生存という持続可能性の基盤を担っており，人類はそこから踏み出す手段を持たなかった一方で，その大きな制約の中でその持続可能性を保障されていたともいえます。それに対して，18 世紀以降の産業革命，科学革命，市場制度の発展により，そこから踏み出す手段を得た人類は，自然資本による持続可能性の保障を失い，人類自らが自身の持続可能性を保障しなければならないという事態に立ち至ったというのが現代の状況ではないでしょうか。

強い持続可能性の考え方と弱い持続可能性の考え方の違いは，強い，弱いという言葉の響き以上に，大変大きな課題を人類に突きつけているという意味は以上のとおりです。

10.3 ハーマン・デイリーの持続可能な発展の三原則

以上の考察の文脈から見ると，第1章で触れたハーマン・デイリーの考え方は，「強い持続可能性」の立場に立っています。

ハーマン・デイリーは米国の経済学者であり，1970年代に提唱した「ハーマン・デイリーの持続可能な発展の三原則」で知られています。図10.1で表されているように，デイリーの考え方は，決して環境だけが人間にとって重要であると主張しているものではありません。そうではなく，人工資本や人的資本に支えられた社会資本と人的資源の上に人々の究極の目的である幸福があるという考え方です。ただし，その幸福を支える，最も重要な基礎には自然資本があり，それが確保されていることが前提であるとの立場です。この立場から，デイリーは次のような三原則を提唱しました。

① 再生可能な資源はそれが再生できるペースで使うべきこと

② 再生不可能な資源はそれが再生可能な資源で代替できるペースで使うべきこと

③ 廃棄物や有害物は，自然が受け入れ浄化できるペースで排出するべきこと

これは，再生可能資源という点に着目した自然資本の重要性を意識した原則です。先に述べた弱い持続可能性の考え方では，自然資本は人間の福祉の決定要因の一つであり，自然資本は，その他の人工資本等で代替可能であるという考えであると紹介しました。しかしながら，従来の薪のような再生可能資源が，石炭という新たな非再生可能資源で代替できたと思った人類は，現在，気候変動問題に直面し，また，原子力による発電で自然資本の制約を超えたと思った人類は，その事故や廃棄物処理コストも含め，危険性のコントロールの難しさに直面しています。その意味で，強い持続性の考え方は，人類が安易に自然資本をその他の人工資本で代替できるという考え方に強い

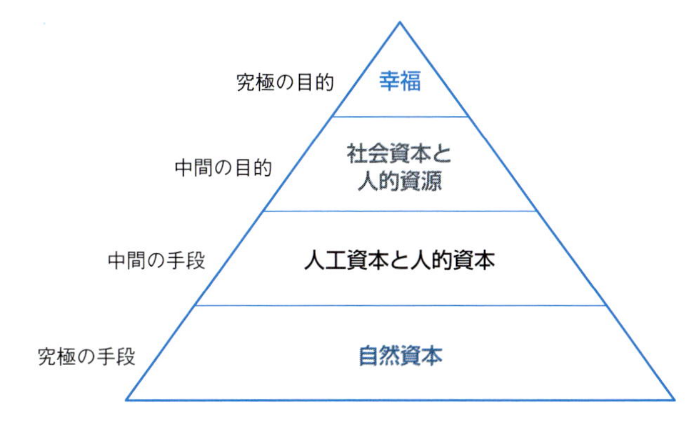

（資料） Donella H. Meadows "Indicators and Information Systems for Sustainable Development: A Report to the Balaton Group", 1998.
（出典） 旭硝子財団ブループラネット賞資料（2014 年）

図 10.1 ハーマン・デイリーのピラミッド

警鐘を鳴らす立場であるともいえます。

これだけ科学技術が発達してきた現代においても，人類は，これまで地球の生命を支えてきた自然のメカニズムをすべて解明したとは到底いえない状況です。そのことを謙虚に受け止め，私たちは，あえて「強い持続可能性」をベースに今後の持続可能性について考えていくべきではないかと思います。

もとより，このことは，これまでになかったような新たな技術などを一切使わず，江戸時代のような暮らしに戻るべきだということではありません。

太陽光発電や大型の風力発電などは，現代の技術開発がなければ実現しえなかったものです。要は，自然資本の制約の中で，ストックとしての自然資本を維持し，そこからの再生可能資源などの恵みを，自然資本を壊さない形で如何にして効率よく活用できるかという方向での技術の開発や普及は今後とも進めていかなければなりません。

10.4 持続可能な発展戦略と政策統合

第1章でも述べたように，1992年の「地球サミット」では，アジェンダ21という，21世紀に向けての持続可能な発展に関するいわば人類全体への指針というべき文書が合意されました。そして，各国に対して，それぞれの国ごとの持続可能な発展戦略を策定すること，および，それを遂行していくための国家組織を作ることが求められました。これに応じて，各国はそれぞれ独自の発展戦略を定めてきています。

ちなみに，日本では当初，日本版アジェンダ21という，構成がアジェンダ21と全く同じの政府文書が作成され，1993年12月に国連に提出されました。これは，地球サミットに参加した国の中では，当時，最も早い対応でした。その後，日本では，環境基本法に基づく「環境基本計画」が閣議決定文書として作成されるようになり，現在では，この計画が，日本の持続可能な発展戦略として国連に報告されています。しかしながら，この計画は政府全体の文書ではあるものの，中央環境審議会の意見を聞いて環境省が中心となって作成するものであり，その位置づけも環境の保全をもっぱらとするものを除き，各府省の政策の上位に位置づけられる上位計画とはなっていないという大きな問題があります。

一方，ドイツでは，2002年に国家レベルの持続可能な発展戦略である「ドイツの展望—私たちの持続可能な発展に関する戦略」，を策定しています。その戦略の中の「主な行動分野」の冒頭に，次のような記述がなされています。「再利用可能な自然資源は，その再生可能性を考慮した枠組みにおいてのみ利用されるべき。再利用不可能な自然資源は，他の資源による代替可能性を考慮した枠組みにおいてのみ利用されるべき。物質やエネルギーの放出は，生態系によって維持できる水準を超えてはならない」

これは，若干表現は異なっていますのが，間違いなく，ハーマン・デイリーの持続可能な発展の三原則そのものです。

第8章でも紹介したように，ドイツでは，1990年代までの電源の大半を占めていた化石燃料と原子力による発電を2050年までに，その8割を再生可能エネルギーに代替することを目標としたエネルギー改革を行っています。

もともと，ドイツは1997年に採択された京都議定書の目標についても，EU内の合意に基づき，EU全体の削減目標であるマイナス8%を上回るマイナス21%を引き受けていました。これは，森林吸収分を4%近く目標から差し引ける日本のマイナス6%の削減目標と比べると，かなり野心的な目標でした。次いで2005年にキリスト教民主同盟が与党に復帰し，メルケル政権が誕生しましたが，脱原発の方針やそれまでの積極的な気候変動対策の流れは変わりませんでした。気候変動政策に関しては，2007年に，2020年までに1990年比で40%という温室効果ガスの削減のための政策ロードマップを作成し，さらに2010年には，2050年までに80%，可能であれば95%までの削減を行うという目標を実現するための政策ロードマップである「エネルギー・コンセプト」を策定しました。

この政策ロードマップの思想の中心にあるのは，その冒頭にも述べられているように「ドイツは競争力のあるエネルギー価格と高い水準の繁栄を享受しつつ，世界で最もエネルギー効率が高くグリーンな経済を持つ国の一つになる」という，環境のみならず経済の面も重視したきわめて合理的な考え方です。これは，再生可能資源ではない原子力発電や化石燃料の利用を再生可能資源である太陽光発電や風力発電などに置き換えていくという，ハーマン・デイリーの考えとも整合するものであり，ドイツは，中長期的な持続可能な発展を目指していることがよく理解されるものとなっています。

先に述べたように，ドイツでは，2002年に政府の上位計画としての「ドイツの展望—私たちの持続可能な発展に関する戦略」を策定し，その大枠に沿って政策を進めています。気候変動・エネルギー政策のような，ともすれば利害関係が鋭く対立するような政策課題を進めていく上で，このような基本的な考え方や方向を予め定めておくこと，すなわち実質的な政策統合を行うことが如何に重要であるかということを，このことは示しています。

10.5 本章のまとめ

持続可能な発展という概念は，1992 年の地球サミット以降，世界に急速に広まりました。これは，環境保全と経済開発との間で対立しがちな先進国と途上国との間を結びつけるキーワードとなり，環境か開発かという二者択一的な議論を回避し，より建設的な議論を行うという面で大きな役割を果たしました。一方で，この概念は多様な解釈が可能であり，現実の社会が直面する「どこまで環境に配慮すればよいのか」という問題の直接の解決策には必ずしもならなかったという面もあります。

持続可能な発展という概念には，環境，経済，社会のすべての要素が含まれており，これまでブルントラント委員会で提唱された定義を軸に，地球サミットで採択されたアジェンダ 21 を指針としてその具体化に向け，試行錯誤が続けられてきました。2015 年には，これまでの議論や実践を踏まえ，国連による持続可能な発展のための 17 の目標（SDGs）が採択されました。ただし，持続可能な発展という概念自体は，まだ多くの解釈や理解があり，そこへ至る道筋をより具体的に考えるに際しては，それぞれの目標かかわる制約条件や優先度などについてさらなる考察が必要です。

持続可能な発展の考え方には，強い持続可能性と弱い持続可能性の考え方があり，その違いは，自然資本がどの程度人工資本等で代替可能であるかというところにあります。その点から見ると，ハーマン・デイリーが提唱した持続可能な発展の三原則は，自然資本という再生可能資源を重視した考え方であり，人類が安易に自然資本をその他の人工資本で代替できるという考え方に強い警鐘を鳴らしたものといえます。これまでの人類の発展の歴史を振り返り，また，今日の気候変動問題や生物多様性問題などの深刻さを考えるとき，私たちは，最新の技術も活用しつつ，あえて「強い持続可能性」をベースにこれからの持続可能性を考えていくべきではないかと思います。

練習問題

10.1　持続可能な発展という概念がどのような議論を経て社会に定着し国連のSDGs（持続可能な発展のための17の目標）につながっていったのか，整理してみましょう。また，これまでのどのような考え方や社会システムが持続可能な発展を妨げてきたのか整理してみましょう。

10.2　ハーマン・デイリーの三原則を現代社会に適用したとき，どのような社会システムの変革が必要となるか，考えてみましょう。また，そのような社会を実現するために必要な技術や社会システムはどのようなものが考えられるか整理してみましょう。

コラム　ハーマン・デイリーのブループラネット賞受賞

ハーマン・デイリーは，1938年に米国テキサス州のヒューストンで生まれました。大学では経済学を専攻しましたが，その理由として，「経済学は，資源に係る自然科学と，人類の倫理性や目標に係る人文科学の中間に位置すると考えたのです。（中略）しかし私が大学で学んだ新古典派学者の考え方は異なっていて，私を失望させました。そこで私は，経済学の礎に生物物理学と倫理学を復活させるという目標を掲げて経済学を学ぶことにし，失望を逆に奮起へと転換しました。」（デイリー教授インタビュー記録，旭硝子財団，2014年）と述べており，このあたりは，社会的共通資本の考え方を提唱した宇沢教授と相通じるところがあります。

その後，ルイジアナ大学で教鞭をとる傍ら，ブラジルなどでも研究を重ね，「発展途上国の政策や体験を研究し，途上国ではエネルギー部門が最も深刻な環境問題を起こし，森林伐採や農業問題がこれに続いていると結論づけました。その結果，経済成長のコストは私達が考えている以上に大きいという認識が高まったのです。」（同）と述べています。

1973年には，成長に批判的な論文を集めた『定常型経済に向けて』という本を編集・出版をしましたが，学会からは強い批判を浴びたといいます。その後，1998年に大学を離れ，上級エコノミストとして世界銀行に移りましたが，この間の事情についてデイリーは次のように述べています。「大学での経済学は，正統派一辺倒で次第に保守色を帯びてきており，私には受け入れ難くなったのです。当時，経済学は新古典派経済学が勢いを増し，焦点が益々狭く保守的になり，経済理論は資源や環境にほとんど目を向けないどころか無視さえしていました。特に私が在籍したルイジアナ州立大学経済学部はその傾向が強く，資源や環境を重視する私の考え方と対立するようになり，大学に留まることが難しくなりました。そこで，50歳台に入る前に私は学究的世界から離れ，より実際的・活動的な世界へ転身したいと考えたのです。」（同）

世界銀行では，デイリーの考え方に理解を持ち，内部の反対を押し切って彼を採用した生物学者のロベルト・グッドランド博士のもとで6年間仕事を進めました。当時，世界銀行がデイリーを採用した背景には，政府関係者や環境NGO等から，世銀は，経済成長に伴う環境コストにもっと目を向けるべきであると圧力を受けていたことがありました。

世銀での6年間の仕事は必ずしも順調に進んだとはいえませんでしたが，それなりの意義を感じていたようです。その後，メリーランド大学の政策学部に移りました。そこでの様子をデイリーは次のように述べています。「経済学部と比べると政策学部は少しオープンでした。私は経済学者からは敬遠されているようでしたが，政策学部には私に同情的な同僚もいました。40年以上に亘る教職を通して，如何なる政策が人類に恩恵をもたらすかを正直に徹底的に追求するよう生徒を指導しました。」

以上のように，デイリーは米国の経済学会からは必ずしも歓迎されなかったのですが，旭硝子財団は，持続可能な発展の三原則をはじめとするデイリーのこれまでの業績と地球環境問題への貢献を高く評価し，2014年度のブループラネット賞を贈ったのです。

第11章

環境経済学を超えて

本書の最後に，現在の環境経済学という枠を超えて，現代における環境問題を解決していくために，私たちが何をしていかなければならないかを考えてみたいと思います。

○ *KEY WORDS* ○

幸福感，豊かさ，アメニティー，
自然資本の維持，「もったいない」，
経済学の目的

11.1 豊かさとは何か

経済学とは，宇沢教授が提唱した社会的共通資本の考え方にも表れているように，もともとは人間の幸福や豊かさを如何にして実現していくかという学問であったと思います。しかしながら，グローバル化とあいまった市場経済の飛躍的発展の中で，経済学がいつしかGDPで代表されるような国の経済規模や個人の所得を如何に増やすかという，数値で表し，金額換算にできるものを主として対象とする学問になってきたという側面があります。

環境経済学の進展は，ある面，そのような経済学について，当初の経済学のように，人間の幸福や豊かさを如何にして，維持し取り戻していくかという学問に立ち戻ろうという試みでもあったと思います。その意味で，私たちは，現在の環境経済学の枠を超えて，さらにあるべき方向やそれを実現するための手段等について追究していく必要があります。

経済学では，基本的に人々の個々の価値観には踏み込まないという暗黙の約束があります。確かに，何を幸福と感じ，何を豊かさと感じるかは，個人によってさまざまであり，すべての人が一致する幸福や豊かさの定義というものはないからです。

しかしながら，私自身はかねてより，幸福感や豊かさには，誰にとっても共通する二つの大きなジャンルがあるのではないかと考えてきました。最初のジャンルは，人間社会の中で人間相互のかかわりの中で得られるものです。これは，家族や友人たちとの交流はもとより，人間社会の中で生産され消費される多くのモノやサービスすべてが含まれます。例えば，戦後の高度経済成長の時代，初めて一般家庭に普及したテレビや自動車は間違いなく，それぞれの人々の幸福感や豊かさにつながっていたと思います。また，仕事を通じて得られる達成感や働き甲斐などというのもこの中に含まれると思います。

もう一つのジャンルは，人間が自然と向き合ったときに得られるものです。

これは例えば，美しい日の出や日の入りに遭遇したとき，深い緑の山々に相対したとき，夕日に照らされた池の湖面で水鳥の親子が寄り添って泳いでいるのを見かけたとき，満天の空の中雄大な銀河が空を横切っているのを眺めたとき，やわらかい春の日差しのなか草木が一斉に芽吹いているのを目にしたとき等々です。これらの幸福感や豊かさは，ある意味，人間社会の中で得られるものとは少し違い，地味ではあるものの自分を深く内省させるような，また，一種の深い安心感を伴った幸福感や豊かさであると私は感じてきました。

もとよりこの二つのジャンルの幸福感や豊かさはどちらが重要であるということはありません。ただし，人間が人間らしい暮らしをしていく上では，どちらか一方だけのジャンルではバランスが悪く，二つのジャンルは，どちらも欠かせない要素であると私は感じてきました。しかしながら，経済が成長し，都市化が進み，いつしか身近な雑木林や，はらっぱが急速に開発され消えていく中で，最初のジャンルの幸福感・豊かさは増大する一方で，二つ目のジャンルの幸福感や豊かさはどちらかというと，それを感じる機会が減っていったという実感があります。そして，気がかりなのは，そのような時代の趨勢を必ずしも不思議に思わない若い世代が増えているように思うことです。

以上の議論は，私の主観的な考え方に基づいていますが，このような幸福感や豊かさと時代の趨勢とのギャップについて，別の面からより深く考察している事例がありますので，次にそれを紹介します。

11.2 新しい〈豊かさ〉の経済学

コロンビア大学のジュリエット・ショア（Juliet Schor：1955–）教授は，2011 年に著した『プレニテュード——新しい〈豊かさ〉の経済学』で，次のように述べています。少々長くなりますがポイント部分を引用します。

「現代は，気候変動問題をはじめとする環境の危機の時代であるが，同時に，リーマンショックに見られるような経済の不安定性や格差問題に見られるような経済の危機の時代でもある。（中略）近年提示されてきた多くのサステイナビリティ構想は，環境保全技術を前提としているが，それだけでは不十分であり，エネルギーシステムを含む多くの社会経済システムの構造をトータルに変革し，労働や消費や日常生活などに従来とは異なるリズムを取り入れることなしには，環境の悪化を食い止め，経済的健全性を取り戻すことはできない。（中略）ただし，大規模な転換を成功させるには，つねに集団的合意が必要となる。私達は，二酸化炭素削減メカニズムを必要としており，新たな労働市場政策を必要としている。（中略）しかし，これらの変革に取り組む間にも，その移行期に私たちに出来ることがある。それは以下の4つの〈豊かさ〉の基本原理に基づく行動である。第一の原理は，「新たな時間の配分」である。私達は長時間，市場で働き所得を得て，市場から消費財を獲得しているが，この市場依存度を低めることである。第二の原理は，市場から抜け出し，「自給」，すなわち自分のために何かを作ったり，育てたり，行ったりすることである。第三の原理は，「真の物質主義」であり，流行やステータス志向ではない，生活において物質が持つ本来の機能と環境影響を意識し，生活をすることである。第四の原理は，お互い同士と私たちのコミュニティへの投資，いわゆる「社会関係資本の回復」である。」（一部筆者編集）

第一原理の，市場依存度を減らす，という発想は何か突拍子もないものと受け取る人もいるかもしれませんが，長い人類の歴史全体から見れば，先に見たように，いわゆる市場経済が成立し，分業がこれほど発達し，働いて得た所得で，生活に必要なほぼすべての物やサービスを購入するというライフスタイルはごく近年のものに過ぎません。しかも，多くのエネルギーや物質の生産・消費が可能となった現代では，本来，〈豊かさ〉を獲得する「手段」であったはずの所得や消費が，それをより多く得るということ自体が「目的」となってしまい，異常な長時間労働やブラックバイトなどで心身を壊す人が出てきています。しかしながら，単純に市場依存度を減らすと，所得が減り，さらに貧しくなるのではという懸念がでてくるのではないでしょうか。それに対するショアの答えが，第二原理以下の考え方につながります。

すなわち，現代の「自給」（これはDIY（Do It Yourself）といってもいいかもしれません）には，「それをしようと思うと，時間もコストもかかってしまう，市場から買ってくる方が楽だし安い」という従来の常識を変える動きがあると彼女はいいます。それが，技術の進展やインターネットの普及などです。例えば，3Dプリンターの出現と情報のオープンソース化により，それまでは，高価な機械や設計・製作情報がなければ素人では到底作れなかったようなものが，3Dプリンターと無料の情報によって，従来より格段に安く作ることが可能になってきています。

もとより，現在，巷にあふれている品物と全く同じものを前提とすると，作るのが難しい場合も考えられます。しかし，第三の原理である「真の物質主義」を前提とすると，機能的には十分満足できる品物を作ることが可能になるのではないかと思われます。

「自給」の例として，ショア教授は，家庭菜園もあげています。家庭菜園というと，とてもそんな土地はないという方もおられると思いますが，胡瓜などは，多少日当たりの悪いベランダでも結構育ちます。もちろん，スーパーマーケットなどで一年中売られているような形のいいものはできないかもしれませんが，十分食べられます。むしろ，そのような体験を通じて，なぜ，スーパーマーケットではまっすぐな胡瓜が一年中出回っているのだろうという疑問が生まれてくるかもしれません。また，自分で小さな小屋を作ったり，着るものを作ったりすることは，モノを作る喜びという，人間が持つ本来的な幸福感を改めて実感することにもなろうかと思います。

また，第四の原理の「社会関係資本の回復」は，第一原理とあいまって，地域における人々との豊かな時間の共有を図ることを通じて，身近な地域の緑を増やしたり，景観を美しくするなど地域のアメニティーを高める機運を増すことが期待されるように思います。いずれにしても，重要なことは，私たちの暮らしの質を高め幸福感や豊かさを実感する上で，私たちの時間やライフスタイルが市場にすべて取り込まれるのではなく，市場と適度な距離感を保っていくことが，これからの時代，重要ではないかと思われます。

11.3 環境・資源の制約と経済・暮らし

地球上に生命が生まれたのは約6億年余前といわれています。それが多様な生物へと進化し人類の祖先が誕生してから数百万年が経過したといわれています。しかしながら，人類史の中で，これだけ短期間に地球規模での環境が大きく改変されたのは，産業革命以来のここ数百年のことに過ぎません。

特に，石炭や石油といった化石燃料が発見され，広く使われるようになった20世紀は，経済が大きく成長し，人口の増加も伴って資源やエネルギーの使用量が爆発的に増加しました。その中で，現代人はいつしか経済成長をあたりまえのものと認識するようになり，その過程で生まれた文化やライフスタイルを当然のものとして受け止めるようになってきました。

しかしながら，地球規模での資源の制約や環境問題が現実のものとなってくるに従い，従来のような物量ベースでの経済の成長を続けるのは難しいのではないかという見方が徐々に広がっています。一方で，そのような制約のある世界は，閉塞感のある，暗く，活気のないものになるのではないかという見方も根強くあるように思います。

現代社会の今後の見通しについては，いくつかの見方があります。一つは，第4章末尾のコラムで取り上げた1972年の『成長の限界』の著者の一人であるヨルゲン・ランダースが2012年に著した『2052：今後40年のグローバル予測』で述べているように，人類は，地球温暖化問題など，深刻な課題を理解はするが，それを克服するために必要な投資などは，短期的な利益を求める民主主義や市場経済のシステムの中で遅れがちになる。そのため，21世紀の後半には気候変動などが進み，人類社会は深刻な影響を受けるだろうというものです。逆に，楽観的な見方としては，ジェレミー・リフキンなどによる，「IoTに代表されるような，技術の進展とそれに伴う共有型経済の台頭は，現在の市場主義経済を急速に凌駕するものとなり，安くて環境負荷の少ない分散型の再生可能エネルギーの大量普及などにより，経済の格差問題や環境問題などが大きく解決に向かうだろう」という見方です。

実際の社会がどのように推移するかは，現時点ではわからないところですが，ハーマン・デイリーの持続可能な発展の三原則にあるように，地球規模での自然資本の維持がなされなければ，人類が安定的に暮らしていくことはかなり難しいのではないかと私は強く感じています。問題は，人間社会が，そのような自然資本の維持という一種の制約を自らに課すことが可能どうかということではないかと思います。気候変動対策として2015年に合意されすでに発効しているパリ協定などは，人類による，そのような動きの一環と捉えられますが，残念ながら，現在の合意内容だけでは，急速に進む気候変動の安定化には届かないことがわかっています。

11.4　環境面から見た江戸時代の暮らし

よく知られているように，日本の江戸時代は，人類史の中でもかなりユニークな内容を有しています。すなわち，日本が島国であることに加え，幕府が鎖国政策をとっていたことから，当時の日本で必要な資源やエネルギーは，ほぼすべて日本国内だけで賄わなければならないという状況がありました。

また，社会のまとまりは，それぞれの地域で流域や尾根など自然的な条件で区切られた藩という単位であり，もちろん，他地域との交流はあったものの，日々の暮らしは基本的にそれぞれの地域の自然環境に依拠したものとなっていました。特に，日本では，米が食料の中心となっていたことが，自然資本としての江戸時代の自然環境を維持することに大きな役割を果たしました。すなわち，水田は，上流の森林から川を通じて流れ込んでくる栄養分により，連作ができたこと，その水を確保するために，森の保全が意識的に行われたことです。さらに，エネルギー源が人力と畜力のほかは，薪と炭にほぼ限られていたため，都市の周りでは薪炭林が形成され，日本の原風景ともいうべき，雑木林と畑が織りなす里山の風景が定着しました。石炭や石油などの化石燃料はまだ使われていませんでしたので，町中でも空気が汚染されることはありませんでした。

同時代の西欧の一部の都市では，糞尿による河川の汚染が深刻になっていたようですが，当時としては人口が密集していた江戸の町でも，そこを流れる川の水はきれいで白魚などがとれたといいます。その背景には，都市の糞尿が金肥として近隣の農家によって集められ，畑に還元されていたことが指摘されています。

さらに，資源が限られていたことから，着物や品物は徹底的に使いまわされ，修理されて最後は，燃えるものは燃やしてエネルギーとし，その残った灰も有効利用されたといいます。その過程で培われた「もったいない」という感覚は，貧富の差に関係なく，人々の間で共有され現代に至っています。

もとより，一人が使えるエネルギーや資源の絶対量は現代と比べ格段に少なかったため，生活そのものは現代と比べて質素でしたが，人々はその中でも江戸文化といわれるような各種の文化的な活動を活発に展開したといわれています。歌舞伎などの演劇やお伊勢参りなどの旅行も人気があり，一方で，寺子屋など庶民の間でも教育が盛んであり，和算などの学問なども人々の身分や階級に関係なく取り組まれていたといいます。また，植木市なども盛んに開かれ，庶民の間でも身近な緑への関心も高かったといわれています。

もちろん，江戸時代は，人口の多くが農民であり農作業が現代と比べて手間のかかる大変な仕事であったり，職業の自由や移動の自由などが制限されていたり，医療が発達していなかったことなど，現代と比べると不自由なことは多くあったのも事実です。また，時として飢饉なども起こりました。しかしながら，当時の文献や記録を見ると，総じて，人々の暮らしは穏やかで，比較的安定したものだったことが窺われます。

コラム　江戸時代の PES

環境経済学が扱う新しい分野に環境サービスへの支払い（Payment for Environmental Services：PES）という概念があります。これは，一般には意識されていないか，または意識されていても支払われてはいない，環境が社会に供給している種々のサービスに対して価格づけを行い，実際に支払うことにより，そのサービスの供給を適正に維持しようとするものです。

世界では，いちはやく，エコツーリズムで有名なコスタリカなどがその考え方を取り入れ，森林の保全による環境サービスをきちんと評価し維持するために，森林の所有者に対し，その保全と引き換えに政府が支払いを行うという制度を導入しています。日本でも 2001 年の地方分権一括法の成立に伴い，地方でも独自の税金を創設することが可能となり，高知県が最初の森林税を創設し，それ以降，各地に広まっています。これも一種の PES ということができます。

このように説明すると，日本ではこのような事例がまだ少なく，世界の動きに遅れているような印象を受けますが，実はすでに江戸時代に，現代における PES の考え方とほぼ同じものが存在していたことがわかっています。

1981 年に報告された熊崎実氏による「水源林造成における下流参加の系譜」（水利科学 3：1-24）によると，1784 年（天明 4 年）に，越後国頚城郡水野村がその入会山で新規の炭焼きを出願したのですが，下流の 24 ヵ村がこれに反対したことが紹介されています。これら下流村の言い分は，「伐採によって雪解けが早くなり，用水が不足することとなる。また，雨の際には土砂流出のおそれもある」というものでした。それに対し，水野村は，山林の開墾と炭焼きを中止し，その代償として，「24 ヵ村は，水野村に対して 50 両の一時金および米 4 石を毎年差し出すことで合意」したとされています。

さらに，「立木繁茂のため猪鹿が，地元水野村の田畑を荒らすようになれば，用水関係村と地元村立ち合いののもと，田畑も用水にも支障のないように伐採」することとされました。

この事例は，上流地域である森林からの安定的な水の恵みによる下流地域での米作り等という，いわば上流地域から下流地域への環境サービスに対する，下流地域から上流地域への支払いと見ることができます。さらに，上流地域が山林の開墾を中止したことで猪や鹿が上流地域の田畑を荒らすことになった場合は，上流地域と下流地域の合意のもとで適宜立木を伐採する仕組みを加えるなど，当時の人々の間で，きわめてきめ細かい合意と取組がなされていたことに驚かされます。おそらくは，同様の事例はこの当時，日本の各地で見られたのではないかと思われます。

このように，地域における限られた自然資本を維持しつつ，かつ生産力を維持するために，きちんとした話し合いと金銭的な負担の仕組みを構築した江戸時代の人々の知恵は，まさに現代の環境経済学の考え方とも合致しており，持続可能性の観点から見た江戸時代の人々の合理的な考え方と合意形成のありかたには，現代の私たちが大いに学ぶべきところがあります。

11.5 制約がもたらす文明の健全性と安定性

前節では現代の持続可能な社会の観点から，江戸時代における経済社会の仕組みや人々の暮らしに注目をしましたが，私がここでいいたいのは，江戸時代を礼賛し，江戸時代に戻れということではありません。そうではなく，自然資本をベースとした一種の制約のある社会というのは，健全で安定的な文明を培うのに不可欠ではないかということです。

人類がこの地球に誕生して以来，大気や河川，海洋，森，土壌そしてそれらとあいまって構成される生態系は，人類が生存していくための基盤となってきました。その中で，人類は，科学技術を発展させ，多くの発明や発見を

人類誕生から2050年までの世界人口の推移(推計値)グラフ

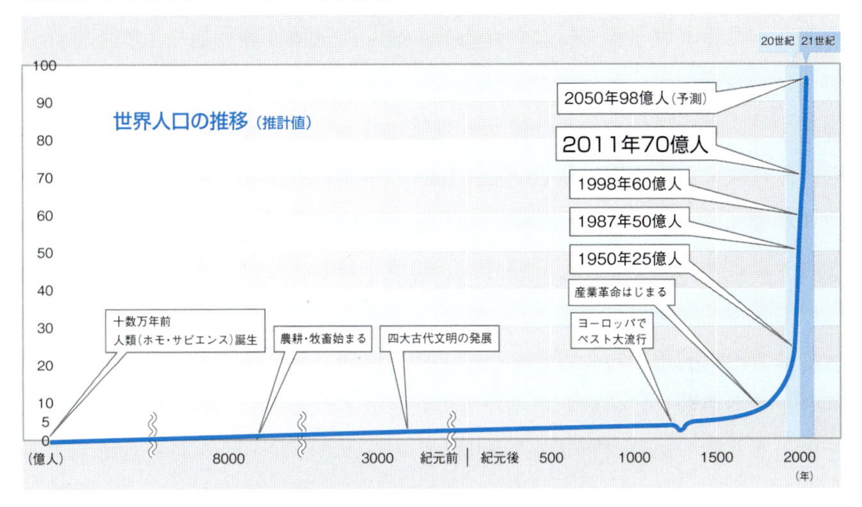

(出典) 国連人口基金東京事務所ホームページより

図 11.1 世界人口の推移グラフ

経て，今日の文明を築きあげてきました。その歴史を振り返ると，多くの時代は，地球環境自体には大きな変化がなく，経済成長率という観点から見ると，きわめて低い成長率で推移してきた時代が長く続いたものと考えられます。

図 11.1 に示される世界の人口の推移を見ても，人口が飛躍的に増加しだしたのは，18 世紀の産業革命以来であり，ここ 300 年あまりのことでしかありません。その背景には，やはり化石燃料というきわめて利用しやすいエネルギー源の発見があったことが大きかったと思います。豊富に使えるエネルギーは，経済を増大させ，地球規模で自然環境も変え，人々のライフスタイルを変えました。もとより，多くのものは人類の福祉を増大させ，人々の

幸福感や豊かさの実感を増やすものであったと思います。

しかしながら，一方で，現代文明がそれまではなかった不安定性を持つようになったことは事実ではないかと思います。気候変動問題や生物多様性の劣化は，人類の生存基盤である地球環境を大きく変える可能性が高くなっていますし，核戦争の脅威やサイバー攻撃，さらには世界中に広がるテロ問題など，社会の混乱要因は間違いなく増大しつつあります。

これまで，人類は地球生態系という大きな生存基盤の中でその生存を保障されてきました。その際，江戸時代に象徴されるように，人間の暮らしが，比較的限られた地域に限定され，そこでの再生可能な資源に依拠していた時代には，その利用が再生可能なペースの範囲内に収まるように人々のライフスタイルや慣習，価値観といったものが形成されてきたといわれています。そのような感覚の代表例の一つが，「もったいない」という考え方であろうと思います。

それが，化石燃料の発見と産業革命により，人やモノの移動がグローバル化し，そのような制約がなくなったかに見えた社会では，「景気を押し上げるために如何にして消費を押し上げるか」というような，いわば浪費のすすめが公然と語られるようになってきたのです。このような考え方は，多くの考え方の変化の一例ですが，それが気候変動問題の悪化と文明の不安定化につながるという意味で，健全なものとは思えません。

もとより，現代は江戸時代ではなく，その時代にはなかった多くの技術や知識があります。自然のエネルギーを適切に利用する再生可能エネルギーや，リバウンドを適切に抑制した共有型経済や，必ずしも利益を追求しないコモンズの考え方などが広く普及し，さらにより多くのモノの所有にはこだわらないライフスタイルも現代における新たな可能性を有しています。現代文明のありかたと地球環境の行く末を考え，ハーマン・デイリーの持続可能な発展の三原則を国や個人が行動する上での基本指針にし，太陽エネルギーと自然資本をベースとした一種の制約を人類が自ら自分に課していくような世界が形成できれば，現代文明は，すべての人間が人間らしい生涯を全うできる，真に持続可能な，健全で安定性のある，美しい文明に脱皮していくことが可能になると思います。

11.6 本章のまとめ

経済学とは，もともとは人間の幸福や豊かさを如何にして実現していくかという学問であったと思います。それが，いつしかGDPで代表されるような，国の経済規模や個人の所得を如何に増やすかという，数値で表し，金額換算できるようなものを主として対象とする学問になってきたという側面があります。環境経済学は，ある面，経済学が当初目指していた目標に立ち戻ろうという試みでもあったと思います。その意味で，私たちは，現在の環境経済学の枠を超えて，あるべき社会経済の方向やそれを実現するための手段等についてさらに追究していく必要があります。

本章では，ショア教授の考察や，江戸時代の経済・暮らしなどについて触れましたが，これからの時代に人間の幸福や豊かさを維持し増大させていくためには，やはり文明の安定性と健全性が不可欠であるように思います。その際のキーワードとなるのが，市場経済の中で，人類自らが課する一種の「制約」であり，そのような世界が形成できれば，現代文明は，すべての人間が人間らしい生涯を全うできる，真に持続可能な，健全で安定性のある，美しい文明に脱皮していくことが可能になるのではないかと思います。

練習問題

11.1 あなたにとって，「豊かさ」や「幸福」とは何かということを改めて考え，その要素を明らかにしてみましょう。また，それが現代文明の発展方向と同じ方向を向いているかどうか考察してみてください。

11.2 江戸時代のライフスタイルや社会システムについて勉強し，持続可能な発展の観点から，現代に活かせるものがないか考察してみてください。

11.3 現代文明の安定性や健全性を高める上で，どのような「制約」が必要か，気候変動問題や生物多様性問題などを例にとりつつ，考察しレポートにまとめてみましょう。

コラム　ケイト・ラワースのドーナツ経済学

本稿をほぼ執筆し終わった頃，オックスフォード大学のケイト・ラワースという経済学者が2017年に『ドーナツ経済学』という本を出版していたことを知りました。原著の副題には「21世紀の経済学者らしく考える7つの方法」と記されています。

一見すると本書は世の中に多く出版されている『○○の経済学』という本の一つのように見えます。しかしながら，2018年に翻訳された本書を一読して，私は大変衝撃を受けました。それは，本書でも解説してきたこれまでの主流派の「経済学」とその発展，そして，そのことが社会にもたらしてきた課題をきわめて明確に分析し，これまでの「経済学」に代わる新しい経済学の方向について，大胆な提案を行っていたからです。

著者のラワースは，オックスフォード大学で政治学，哲学，経済学の学士号を取得し，さらに開発経済学の修士号を取得したのち，アフリカのザンジバルの農村で3年間，マイクロ企業家たちと仕事をともにし，その後国連開発計画で4年間働き，さらに貧困と不正を根絶するための活動を国際的に行っているNGO団体であるオックスファムで10年間上級研究員をつとめました。その後，母校に戻り，現在，オックスフォード大学環境変動研究所の講師等をつとめています。

この本の中核的な概念である「ドーナツ」に至った経緯を著者は次のように述べています。「わたしたちが暮らす世界は経済学で形づくられている。わたしという人間の形成にも，いくら拒んだとしても，経済学の影響があることはまちがいなかった。私は経済学に再び戻って，それを逆から見直してみようと思った。つまり古い経済理論からはじめるのではなく，人類の長期的な目標からはじめて，その目標を実現させられる経済思考を模索してみたら，どうなるだろうかと考えた。そして，それらの目標を図で表そうとしたら，ばかばかしく聞こえるかもしれないが，ドーナツのような図ができあがった。」

人間の長期的な目標は，環境，経済，社会の多方面にわたっていますが，著者は，それらを図 11.2 のような図で表現しました。

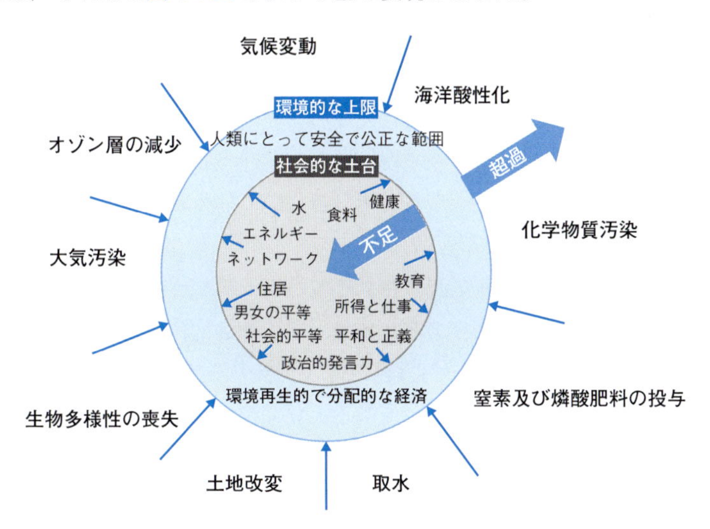

（出典）ケイト・ラワース『ドーナツ経済学が世界を救う』を基に著者作成

図 11.2 ドーナツ経済学

ドーナツの図における外側の環は，「環境的な上限」を表しています。これは，プラネタリー・バウンダリーという概念のもと，ヨハン・ロックストロームらが研究してきたいわゆる地球環境上の制約を示しています。また，内側の環は「社会的な土台」を示しています。ここに示されている食料や住居，平和と正義などの項目は，SDGsの項目と形式的に一致しているわけではありませんが，内容的には，ほぼ一致していると見ることができます。

現在，環境的な上限に関しては，すでに「気候変動」，「生物多様性の喪失」，「土地改変」，「窒素及び燐酸肥料の投与」において上限を超えており，社会的な土台に関してもすべての項目について，多かれ少なかれ下限よりも不足しているとされています。

著者は，現実社会が直面している課題や問題に照らして，「経済学」が依拠してきた一連の仮定とそれとあいまって形づくられてきた現代社会のありかたについて根本的な疑問を投げかけ，新たな経済学の構築に向けて，次のような7つの提言を行っています。

① 目標を変える―GDPからドーナツへ
② 全体を見る―自己完結した市場から組み込み型の経済へ
③ 人間性を育む―合理的経済人から社会的適合人へ
④ システムに精通する―機械的均衡からダイナミックな複雑性へ
⑤ 分配を設計する―「再び成長率は上向く」から設計による分配へ
⑥ 環境再生を創造する―「成長で再びきれいになる」から設計による環境再生的経済へ
⑦ 成長にこだわらない―成長依存から成長にこだわらない社会へ

ラワースのドーナツ経済学の考え方は，環境的な制約を明確に意識している点で，ハーマン・デイリーの持続可能な発展の三原則と同様，「強い持続可能性」の考え方に立っていると見ることができます。また，上記の7つの提言にもあるように，「合理的経済人」の概念をはじめ，従来の経済学が当然のこととして前提にしてきた考え方を根本から変えるものとなっています。

ただし，これらの提言は，それを現実のものとしていくためには，それぞれの分野で今後一層の研究や実践が求められるものであり，環境経済学の分野に対しても大きな課題を提示したものといえましょう。

文献案内

本書を読んで，さらに勉強したい読者には，以下の文献を薦めます。

〈環境経済学のテキスト〉

- 植田和弘『環境経済学』岩波書店，1996 年
- ジェフリー・ヒール『はじめての環境経済学』細田衛士・赤尾健一・大沼あゆみ（訳），東洋経済新報社，2005 年
- 諸富　徹・浅野耕太・森　晶寿『環境経済学講義――持続可能な発展をめざして』有斐閣，2008 年
- 吉田文和『環境経済学講義』岩波書店，2010 年
- 浅子和美・落合勝昭・落合由紀子『グラフィック環境経済学』新世社，2015 年
- 浜本光紹『環境経済学入門講義［改訂版］』創成社，2017 年

〈関 連 文 献〉

- T・R・マルサス『人口論』斉藤悦則（訳），光文社，2011 年
- K・W・カップ『私的企業と社会的費用――現代資本主義における公害の問題』篠原泰三（訳），岩波書店，1959 年
- J・S・ミル『経済学原理（四）』末永茂喜（訳），岩波書店，1961 年
- 加藤尚武『新・環境倫理学のすすめ』丸善，2005 年

（ブルントラント委員会の報告書「我ら共通の未来」については，こちらを参照しました。）

- 平野長靖『尾瀬に死す』新潮社，1971 年
- D・H・メドウズ，D・L・メドウズ，J・ランダース，W・W・ベアラン

ズ三世『成長の限界——ローマ・クラブ「人類の危機」レポート』大来佐武郎（監訳），ダイヤモンド社，1972 年

●宇沢弘文『自動車の社会的費用』岩波書店，1974 年

●宇沢弘文『社会的共通資本』岩波書店，2000 年

●パーサ・ダスグプタ『サステイナビリティの経済学——人間の福祉と自然環境』植田和弘（訳），岩波書店，2007 年

●馬奈木俊介・地球環境戦略研究機関（編）『生物多様性の経済学——経済評価と制度分析』昭和堂，2011 年

●植田和弘・梶山恵司（編著）『国民のためのエネルギー原論』日本経済新聞出版社，2011 年

●ジュリエット・B・ショア『プレニチュード——新しい〈豊かさ〉の経済学』森岡孝二（監訳），岩波書店，2011 年

●ヨルゲン・ランダース『2052——今後 40 年のグローバル予測』野中香方子（訳），日経 BP 社，2013 年

●ジェレミー・リフキン『限界費用ゼロ社会——〈モノのインターネット〉と共有型経済の台頭』柴田裕之（訳），NHK 出版，2015 年

●金森久雄・大守　隆（編）『日本経済読本［第 20 版］』東洋経済新報社，2016 年

●ケイト・ラワース『ドーナツ経済学が世界を救う——人類と地球のためのパラダイムシフト』黒輪篤嗣（訳），河出書房新社，2018 年

索　引

あ　行

か　行

さ　行

た　行

な 行

は 行

ま 行

や 行

ら 行

英 字

索引

あとがき

世の中に，すでに多くの優れた環境経済学のテキストがある中で，本書を私が執筆させていただくことには正直ためらいがありました。しかしながら，本書を書く大きな動機となったのは，現実の社会が，自分自身が理想とする，心豊かに暮らせる，環境と経済が統合された持続可能な社会から次第に離れつつあるのではないかという大きな危機意識でした。

もとより，本書がそれを食い止め，改善するための明確な方策をすべて提示できたわけではありません。本書の後半でも述べたように，現実の世界は，気候変動の進行や生物多様性の劣化のみならず，経済格差の問題や地域紛争，核兵器やテロの問題，さらには新たな科学技術の進展が人間社会にもたらす光と影の問題など，社会は混迷の度を深めているようにも見受けられます。

これらの問題をその根本原因に立ち戻りつつ一つひとつ解決していくのは決して容易なことではありません。しかしながら，本書でも述べましたように，それを可能にする考え方や具体的な方策が決してないわけではありません。それらの方策をそれぞれの立場にある人々が互いに連携しつつさらに進化させていくことが重要であると思います。

本書の内容は，私が京都大学経済研究所に在職していた2005年夏からの6年の間に開講した，京都大学の植田和弘先生との共同講義がそのベースとなっています。環境経済学にかかるその講義では，植田先生が主として理論面の講義を，私が政策実施面の講義を担当しました。本来であれば，植田先生とも十分に議論して本書を作成し，共著として刊行したかったのですが，植田先生が体調を崩され，それがかなわないこととなりました。改めて植田先生との共同講義で私自身が勉強させていただいたことへの御礼を申し上げるとともに，植田先生のさらなるご回復を心よりお祈りする次第です。

そのような経緯もあり，本書の執筆に際しましては，植田先生が執筆された『環境経済学』を基本文献として参照したほか，諸先輩方の環境経済学にかかるテキストや関連する文献を幅広く参照させていただきました。ここに改めて感謝の意を表します。また，学生時代にゼミの指導教官としてお世話になり，その後の私に大きな影響を与え続けてこられた故宇沢弘文先生にも改めて御礼申し上げたいと思います。

もとより，本書の内容にかかる間違いについてはひとえに筆者の責任でありますので，ご意見，ご叱正を賜りますことをお願い申し上げます。

最後に，浅学菲才ゆえに，なかなか筆がすすまない筆者を辛抱強く見守りかつ多くの参考資料を収集・整理しつつ温かく励まし続けていただいた新世社の御園生晴彦さん，また編集作業を担当され校正刷に多くのコメントをいただいた谷口雅彦さん，彦田孝輔さんに心より御礼を申し上げます。

一方井　誠治

著者紹介

一方井　誠治（いっかたい　せいじ）

1951年　東京都に生まれる
1974年　東京大学経済学部卒業
1975年　環境庁（現環境省）に入庁。環境庁地球環境部企画課長，
　　　　環境省大臣官房政策評価広報課長，財務省神戸税関長を経て
2005年　京都大学経済研究所教授
現　在　武蔵野大学大学院環境学研究科長・教授
　　　　京都大学博士（経済学）

主要著書

『低炭素化時代の日本の選択——環境経済政策と企業経営』（岩波書店，2008年）
『国民のためのエネルギー原論』（共著，日本経済新聞出版社，2011年）
『生物多様性の経済学——経済評価と制度分析』（共著，昭和堂，2011年）
“*Governing Low-Carbon Development and the Economy*”（共著，United Nations University Press, 2014）
『日本経済読本［第20版］』（共著，東洋経済新報社，2016年）

ライブラリ経済学コア・テキスト＆最先端=16
コア・テキスト環境経済学

2018年6月25日Ⓒ　　初版発行

著者　一方井誠治　　発行者　森平敏孝
印刷者　加藤純男
製本者　米良孝司

【発行】　株式会社　新世社
〒151-0051　東京都渋谷区千駄ヶ谷1丁目3番25号
編集☎(03)5474-8818(代)　サイエンスビル

【発売】　株式会社　サイエンス社
〒151-0051　東京都渋谷区千駄ヶ谷1丁目3番25号
営業☎(03)5474-8500(代)　振替 00170-7-2387
FAX☎(03)5474-8900

印刷　加藤文明社　　製本　ブックアート

ISBN 978-4-88384-279-7
PRINTED IN JAPAN

サイエンス社・新世社のホームページのご案内
http://www.saiensu.co.jp
ご意見・ご要望は
shin@saiensu.co.jp まで.